DE ONDE VIEMOS?
O QUE SOMOS?
PARA ONDE VAMOS?

Blucher

H. Moysés Nussenzveig

DE ONDE VIEMOS? O QUE SOMOS? PARA ONDE VAMOS?

Como a ciência explica a origem e o funcionamento da vida

De onde viemos? O que somos? Para onde vamos?: como a ciência explica a origem e o funcionamento da vida

Imagem da capa: Paul Gaugin, *D'où venons-nous ? Que sommes-nous ? Où allons-nous ?*, óleo sobre tela, 1,40 × 3,75 m, 1898, Boston Museum of Fine Arts.

Publisher Edgard Blücher
Editor Eduardo Blücher
Coordenação editorial Bonie Santos
Produção editorial Isabel Silva, Luana Negraes e Mariana Correia Santos
Preparação de texto Maurício Katayama
Diagramação Guilherme Henrique Martins Salvador
Revisão de texto Marise Leal
Tradução das imagens Bárbara Waida
Capa Leandro Cunha

Blucher

Rua Pedroso Alvarenga, 1245, 4° andar
04531-934 – São Paulo – SP – Brasil
Tel.: 55 11 3078-5366
contato@blucher.com.br
www.blucher.com.br

Segundo Novo Acordo Ortográfico, conforme 5. ed. do *Vocabulário Ortográfico da Língua Portuguesa*, Academia Brasileira de Letras, março de 2009.

DADOS INTERNACIONAIS DE CATALOGAÇÃO NA PUBLICAÇÃO (CIP)
ANGÉLICA ILACQUA CRB-8/7057

Nussenzveig, H. Moysés
De onde viemos? O que somos? Para onde vamos? : como a ciência explica a origem e o funcionamento da vida / H. Moysés Nussenzveig. – São Paulo : Blucher, 2019.
168 p. : il., color

Bibliografia
ISBN 978-85-212-1445-8 (impresso)
ISBN 978-85-212-1446-5 (e-book)

1. Ciência – Miscelânea 2. Biologia I. Título.

19-0412 CDD 500

Índice para catálogo sistemático:
1. Ciência – Miscelânea

Dedicado a Micheline, companheira há mais de meio século, e à memória de Guido Beck, meu inesquecível mentor

Aventuras de um cientista

H. Moysés Nussenzveig, físico teórico e biofísico, é professor emérito e coordenador científico do Laboratório de Pinças Óticas da Universidade Federal do Rio de Janeiro (UFRJ), onde também criou a Coordenação de Programas de Estudos Avançados. Foi professor titular das Universidades de Rochester e de São Paulo, da Pontifícia Universidade Católica do Rio de Janeiro (PUC-Rio) e do Centro Brasileiro de Pesquisas Físicas (CBPF), do qual é também pesquisador emérito.

Foi professor-pesquisador visitante do Institute for Advanced Study de Princeton; da Universidade de Paris; da NASA Goddard Space Flight Center; do Collège de France; e da École Normale Supérieure.

É *fellow* da American Physical Society e da Optical Society of America, da qual recebeu o Prêmio Max Born pelas teorias do arco-íris e da auréola. Foi homenageado pela Universidade de Tel Aviv com a cátedra Moysés Nussenzveig de Mecânica Estatística. Recebeu o Prêmio Nacional de Ciência e Tecnologia e é detentor da Ordem Nacional do Mérito Científico. Recebeu duas vezes o Prêmio Jabuti da Câmara Brasileira do Livro.

É autor dos quatro volumes de *Curso de Física Básica* (Blucher) e de outros livros publicados no Brasil e no exterior.

Conteúdo

Parte III
Quem somos? O organismo

Parte IV
Para onde vamos?

Parte V
Maravilhosa, mas não miraculosa

Prefácio

Poucas pessoas se dão conta de como são fantásticos e maravilhosos os mecanismos de funcionamento da vida, incomparavelmente mais fascinantes do que qualquer novela de mistério ou de ficção científica.

Este livro aborda questões existenciais que desafiam a mente humana desde a mais remota antiguidade. Elas têm sido acaloradamente discutidas por filósofos e seitas religiosas, originando mitologias e embates intelectuais – bem como, desgraçadamente, a praga do século, o terrorismo fundamentalista.

Meu objetivo aqui é expor respostas a essas questões que a ciência atual pode fornecer. Não existem respostas científicas consensuais ou definitivas, nem para essas questões nem para quaisquer outras. Um dos principais valores da ciência é questionar sempre os próprios resultados.

É precisamente por isso que os resultados científicos são os mais seguros de que dispomos: eles são constantemente confrontados com novos experimentos, e o acordo com a experiência é o árbitro mais importante de sua aceitação ou rejeição.

Para a Parte I, "De onde viemos?", por exemplo, uma verificação experimental direta é impossível. Não podemos recriar o planeta Terra como era há quatro bilhões de anos. Entretanto, há muitas pistas indiretas, até mesmo da lua Encélado de Saturno, em favor da hipótese que exponho aqui. Mas neste tópico, como em vários outros aqui apresentados, existem versões rivais. Optei por aquelas que me parecem mais plausíveis e mais bem verificadas, mas cumpre-me advertir que existem outras.

Monteiro Lobato recomendava a um autor omitir "os pedaços que os leitores habitualmente pulam". Segui esse conselho – em particular, procurando destilar o essencial de cada tópico e evitando a verbosidade e detalhes demasiado técnicos. Este não é um livro didático: gostaria que provocasse a atenção necessária e o deleite na leitura evocados por um bom romance policial.

Uma figura pode valer mais que muitas palavras e, em biologia, um vídeo pode valer mais que muitas figuras: vida e cinema tratam de objetos em movimento. Minha paixão por cinema deve ter contribuído para meu envolvimento com biologia. Visualizar é muito importante: não deixe de acessar os vídeos do YouTube aqui recomendados!

Um glossário de termos técnicos está disponível no final do livro. Para quem deseja saber mais, há também uma lista de leituras recomendadas.

Agradeço ao diretor do International Institute of Physics da Universidade Federal do Rio Grande do Norte, professor Álvaro Ferraz, pelo convite para proferir uma palestra nessa instituição em 2017, a qual inspirou e motivou a escrita deste livro.

Rio de Janeiro, fevereiro de 2019.

H. M. Nussenzveig

Parte I

De onde viemos?

1. De onde viemos? O que somos? Para onde vamos?

Figura 1.1 Paul Gauguin, *D'où venons-nous ? Que sommes-nous ? Où allons-nous ?*, óleo sobre tela, 1,40 × 3,75 m, 1898, Boston Museum of Fine Arts.

Na tela *D'où venons-nous ? Que sommes-nous ? Où allons-nous ?* (Figura 1.1), que Paul Gauguin considerava sua obra-prima, vemos à direita um bebê, à esquerda uma anciã e no centro uma figura humana adulta colhendo uma maçã da árvore do conhecimento. A figura azul do ídolo pode simbolizar a resposta da religião às três indagações do título. Este livro situa-se no centro, procurando expor até que ponto a ciência atual pode fornecer essa resposta.

Pressuponho leitores com formação de nível médio e forte apetite pela maçã da ciência – ou seja, curiosidade. Procurarei convencê-los de que a vida é maravilhosa, mas também explicável.

O patriarca da biologia, Charles Darwin (Figura 1.2), foi desde cedo um apaixonado naturalista. Em 1831, com 22 anos, embarcou numa expedição por cinco anos a bordo da escuna Beagle em torno da América do Sul, colhendo amostras da flora e da fauna terrestre e marinha em cada porto. Em Salvador, indignou-se com o tratamento desumano dado aos escravos.

Figura 1.2 Charles Darwin, em 1840, retratado por George Richmond. Entre os 22 e os 27 anos, excursionando com a expedição exploratória da escuna Beagle, coletou amostras de flora e fauna em Salvador, Montevidéu, Valparaíso, Callao e nas ilhas Galápagos.

A escala que mais o influenciou, já na etapa final da viagem, foi no arquipélago de Galápagos, um conjunto de mais de uma dezena de ilhas vulcânicas bem dispersas e isoladas, a mil quilômetros da costa do Equador. Os cascos das tartarugas-gigantes diferiam bastante entre si, permitindo identificar de que ilha provinham. Isso também valia para a forma dos bicos dos tentilhões, que variava adaptando-se ao tipo de alimentos encontrados por esses pássaros em suas ilhas de origem: bicos finos, aptos a penetrar em flores, ou em espátula, aptos a debulhar sementes.

De volta à Inglaterra, ocorreu a Darwin uma analogia entre essas variações e aquelas obtidas por criadores de animais domésticos ou floricultores para desenvolver características desejáveis. As diferentes espécies de pássaros ou tartarugas adaptadas às diferentes ilhas em Galápagos teriam surgido por um processo seletivo análogo, da própria Natureza, que chamou de "seleção natural".

Como essas novas espécies teriam se originado? Em Galápagos, populações de pássaros ficaram por muito tempo segregadas por barreiras, impedindo-as de cruzarem umas com as outras em virtude da migração para ilhas distantes.

Nessa situação, variações naturais entre diferentes indivíduos favorecem aqueles mais aptos a sobreviver à diversidade das condições encontradas (como o tipo de alimentos disponíveis). Tais variações são herdadas por seus descendentes.

Em 1859, Darwin publicou seu grande tratado sobre *A origem das espécies*. O parágrafo final é tão bonito que não resisto a citá-lo:

> Existe grandeza nesta visão de que a vida, com suas imensas potencialidades, tenha sido originalmente insuflada em algumas formas ou numa única; e que, enquanto este planeta permaneceu orbitando sob o efeito permanente da lei da gravitação, infindáveis formas das mais belas e maravilhosas evoluíram, e continuam evoluindo.

A obra de Darwin continha duas lacunas básicas: não explicava a herança dos caracteres adquiridos, nem a origem das variações naturais (mutações). Coube ao frade austríaco Gregor Mendel decifrar as leis sobre transmissão dos caracteres hereditários, realizando experimentos de polinização cruzada entre milhares de plantas de ervilhas, ao longo de uma década. Os resultados que publicou em 1865 demonstraram que cada um desses caracteres, como o da cor das flores, é transmitido por uma espécie de "molécula da hereditariedade", depois chamada de "gene".

Os trabalhos de Mendel permaneceram ignorados por décadas: só foram redescobertos em 1900. A teoria moderna da evolução resultou da síntese entre as ideias de Darwin e as leis da genética de Mendel. Seu papel central para a compreensão de como funciona a vida foi bem sintetizado pelo geneticista Theodosius Dobzhansky: "Nada na biologia faz sentido exceto à luz da evolução".

Qual é a estrutura material de um gene? Num livro publicado em 1944 e intitulado *O que é vida?*, o físico Erwin Schrödinger, um dos criadores da teoria quântica, especulou que o material transmitido entre gerações deveria ser estável, como um cristal, mas sem a regularidade do cristal, pois é capaz de codificar um grande número de possibilidades (caracteres hereditários) – por isso, chamou-o de "cristal aperiódico".

Figura 1.3 James Watson (à esquerda) e Francis Crick, em 1953. O Prêmio Nobel de Fisiologia e Medicina de 1962 foi compartilhado por eles e o físico Maurice Wilkins "pelas descobertas da estrutura molecular dos ácidos nucleicos e suas implicações para a transferência de informação entre os seres vivos".

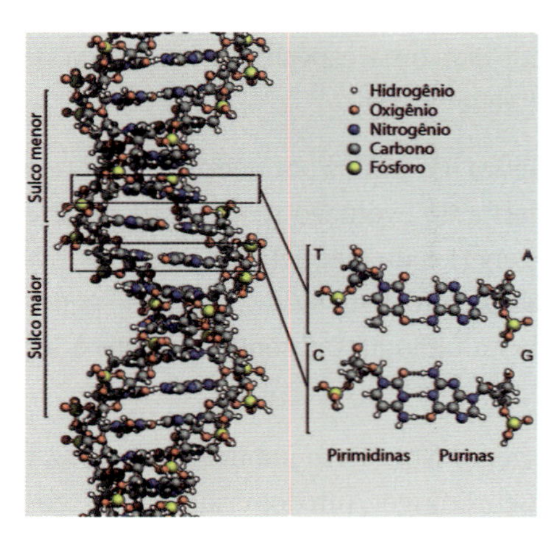

Figura 1.4 Estrutura do DNA. Os detalhes mostram o emparelhamento entre as bases e as ligações entre elas através de pontes de hidrogênio.

O livro de Schrödinger influenciou fortemente o trabalho realizado em 1954 por Watson e Crick (Figura 1.3) sobre a estrutura da molécula de DNA. James Watson decidiu dedicar-se à genética depois de ler esse livro. Encontrou-se com Francis Crick em Cambridge, no Laboratório Cavendish, onde estavam sendo desenvolvidos métodos de cristalografia para deslindar a estrutura de moléculas biológicas. O DNA (ácido desoxirribonucleico) já era forte candidato a molécula da hereditariedade.

Francis Crick, com formação em Física, queria desde cedo abordar dois problemas fundamentais da biologia: a natureza das moléculas da vida e a da consciência no cérebro. Veremos no Capítulo 20 sua contribuição ao segundo problema. No dia em que chegou com Watson ao modelo da dupla hélice do DNA, foi a um *pub* em Cambridge anunciar publicamente que haviam "decifrado o segredo da vida". Era mais que mera bravata de físico. O artigo publicado na revista *Nature* (1953, p. 737) terminava dizendo: "Não deixamos de perceber que o emparelhamento específico postulado (entre as bases) sugere imediatamente um método possível de replicação do material genético".

Conforme ilustrado na Figura 1.4, o DNA é formado por duas cadeias (de fosfato e desoxirribose) enroscadas uma na outra, como uma trepadeira. Presas em cada cadeia e defrontando-se no interior da hélice há uma sequência de *nucleotídeos*, que são as quatro *bases* A (adenina), C (citosina), G (guanina) e T (timina), sempre emparelhadas (uma de cada lado): A com T e C com G. As bases dos dois lados estão unidas por *pontes de hidrogênio*, que formam ligações fracas entre elas. Decorre do emparelhamento que as duas cadeias contêm informações complementares, e a fraqueza das ligações facilita a sua separação no processo de replicação, uma das características fundamentais da vida.

As bases são as letras do alfabeto genético. O próximo passo foi tratar de entender a mensagem codificada pela sequência das bases. Conforme veremos, os principais atores em todos os processos celulares são as *proteínas*, macromoléculas formadas por cadeias de aminoácidos. Há vinte aminoácidos essenciais na estrutura das células, sugerindo que *a informação genética deva especificar a sequência dos aminoácidos nas proteínas* – o que é correto.

Uma pista experimental sugeria também uma conexão direta das proteínas com um parente próximo do DNA, o RNA (ácido ribonucleico). Ele difere do DNA por ter uma única cadeia, de fosfato e ribose (no lugar de desoxirribose), à qual também se prendem sequências de quatro bases, que só diferem das do DNA pela substituição de uracila (U) no lugar da timina, com a mesma propriedade de emparelhamento com a adenina.

Decifrar o *código genético*, às vezes referido como a *linguagem da vida*, poderia ter sido considerado por Sherlock Holmes como um "problema para três cachimbos". Crick, junto com outros pesquisadores, descobriu que o número 3 é a chave: o código genético é um *código de tripletos*. Combinar as bases 2 a 2 só permitiria codificar $4 \times 4 = 16$ dos 20 aminoácidos essenciais.

Combinando-as 3 a 3 há $4 \times 4 \times 4 = 64$ combinações possíveis, mas a redundância é benéfica. Permite assinalar tripletos para codificar onde começa (*start*) e onde termina (*stop*) a leitura da mensagem. Em vários casos, dada a redundância, mais de uma combinação codifica o mesmo aminoácido, conforme se verifica na Figura 1.5. Por exemplo, a leucina é codificada tanto por UUA como por UUG.

É fácil conceber que a informação pode passar de uma das cadeias do DNA, contido no núcleo de uma célula, para um fragmento de RNA (processo chamado de *transcrição*) usando a complementaridade e emparelhamento das bases, e que esse fragmento, conhecido como *RNA mensageiro*, pode migrar do núcleo para o citoplasma da célula. A *tradução* pela leitura dos tripletos, conhecidos como *códons*, leva à construção da proteína, conforme ilustrado na Figura 1.6.

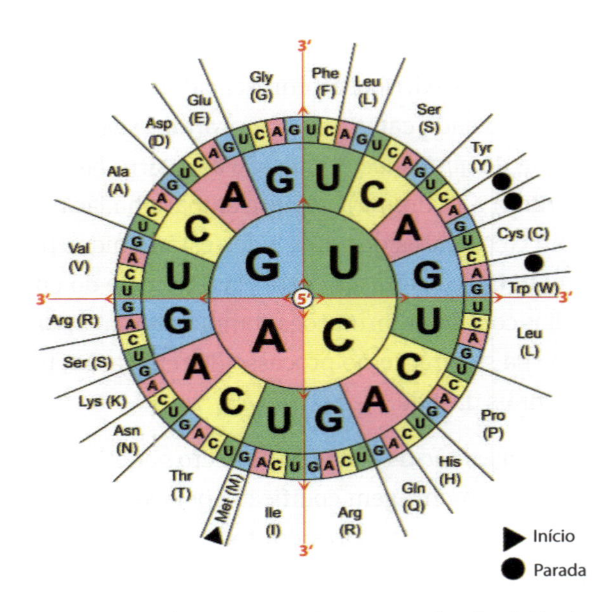

Figura 1.5 Código genético. Para ver qual aminoácido é codificado por qual tripleto (códon), comece escolhendo uma letra no círculo central, depois a segunda letra no primeiro anel concêntrico e, finalmente, a terceira letra no anel concêntrico externo. Note que a base T é substituída por U, porque os códons são traduzidos em aminoácidos no RNA mensageiro, não no DNA (Figura 1.6).

Mas que mecanismos a célula emprega para todo esse processo? Teremos de aprofundar o conhecimento sobre a estrutura da célula para responder a essa pergunta (Capítulos 13 e 14). Entender como são produzidas as proteínas é essencial para responder à pergunta "O que somos?", porque as proteínas desempenham papéis centrais no funcionamento da vida.

Assim, muitas proteínas são *enzimas*, que funcionam como *catalisadores* das reações bioquímicas, aumentando enormemente a velocidade de reação. Reações que ocorrem espontaneamente, mas que sem catálise poderiam levar anos para se realizar, produzem-se em fração de segundo na presença de uma enzima específica. A enzima favorece a reação, mas, como é próprio da catálise, não é afetada por ela, podendo ser depois reutilizada em novas reações. Em particular, proteínas catalisam a transcrição e a tradução do DNA.

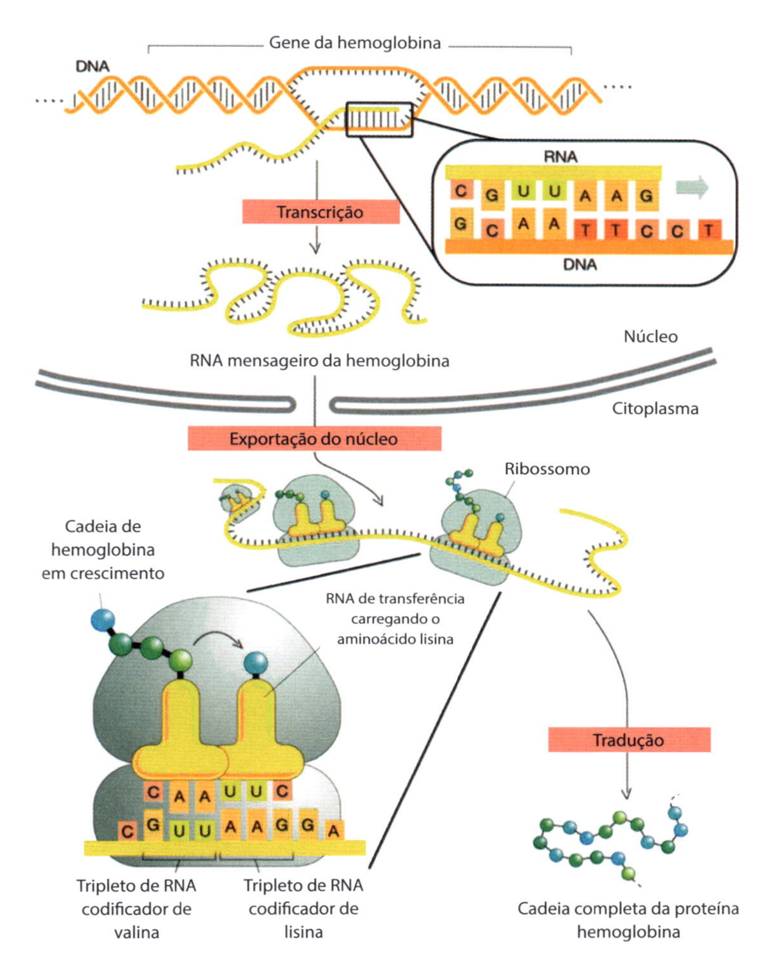

Figura 1.6 Etapas da construção de uma proteína. Na *transcrição*, uma das fitas do gene no DNA é copiada pela enzima *RNA polimerase* usando a complementaridade entre as bases (C com G e A com U) para produzir uma fita única de *RNA mensageiro*. Ainda no núcleo, ela sofre o *processamento*, um processo de corte (*splicing*) para remover tripletos que não codificam proteínas, os *íntrons*. Depois migra do núcleo para o citoplasma. Nele, vai encontrar um *ribossomo*, onde é efetuada a *tradução* dos códons para aminoácidos e a montagem das proteínas. Os detalhes do processo todo são descritos no Capítulo 13.

Podemos agora abordar a primeira pergunta: "De onde viemos?"

2. A origem da vida

À primeira vista, a vida parece ser incompatível com uma das leis fundamentais da física, a segunda lei da termodinâmica, formulada no início do século XIX, quando a invenção da máquina a vapor deslanchava a Revolução Industrial. Outra lei básica da física, a lei de conservação da energia, implicava a impossibilidade de construir um *moto contínuo*, um motor que funcionaria ininterruptamente, sem necessitar de uma fonte de energia de qualquer natureza. A primeira lei da termodinâmica reconhece que *o calor é uma forma de energia*, e a máquina a vapor utilizou essa *energia térmica*.

Entretanto, existe uma diferença crucial entre o calor e outras formas de energia, como a energia mecânica armazenada numa mola distendida ou a energia elétrica fornecida por uma bateria. A segunda lei caracteriza o calor como forma *desordenada* de energia. Para explicar o que isso significa, lembremos que a matéria é formada por átomos e moléculas, de tamanho extremamente pequeno em relação à nossa escala macroscópica. Por exemplo, um copo de água contém mais de um trilhão de trilhões de moléculas de água (1 seguido de 24 zeros), número *gigantesco*, maior que o de grãos de areia em todas as praias da Terra.

Num gás à temperatura ambiente, como o ar do nosso quarto, as moléculas se movem em todas as direções com velocidades médias da ordem de meio km/s. Isso implica que estão todo o tempo colidindo umas com as outras (e com as paredes), percorrendo apenas alguns milésimos de milímetro entre duas colisões consecutivas com outras moléculas. A energia do movimento das moléculas é *energia cinética*, mas é totalmente *desordenada*, devido a esse movimento caótico em todas as direções. Isso é típico do calor (*energia térmica*).

Podemos contrastar esse movimento desordenado com o movimento *ordenado* das moléculas de água na correnteza de um riacho, em que a maioria delas se move na direção da correnteza. A energia mecânica desse movimento pode ser utilizada para acionar um motor e realizar trabalho, como numa roda de água, empregada por muitos povos, desde a Antiguidade, para moer grãos. Da mesma forma, ventos fortes representam energia cinética ordenada de moléculas de ar, e essa energia *eólica* vem sendo cada vez mais utilizada, inclusive no Brasil.

Quando aquecemos um corpo, aumentamos a energia cinética média de suas moléculas, mas, ao contrário da correnteza ou do vento, ela não é transmitida espontaneamente a qualquer outro corpo: isso só ocorre se for um corpo *mais frio, a uma temperatura mais baixa*. Assim, *partindo exclusivamente de corpos em equilíbrio térmico (todos à mesma temperatura), não é possível fazer funcionar continuamente um motor*. Essa é uma das formas de enunciar a segunda lei da termodinâmica. Caso fosse possível converter energia térmica em trabalho mecânico nessas circunstâncias (o que não violaria a primeira lei, o princípio de conservação da energia), teríamos um *moto contínuo de segunda espécie*. Com efeito, à temperatura ambiente, a atmosfera ou os oceanos são repositórios quase inesgotáveis de energia térmica. Um navio poderia singrar o oceano extraindo calor da água.

O fato de que o calor passa espontaneamente de um corpo quente a outro frio, mas não em sentido inverso, ilustra a *irreversibilidade* contida na segunda lei. De onde ela se origina? Se destampamos um frasco de perfume numa sala fechada, o aroma se espalha por todo o ar ambiente. No nível microscópico, as moléculas do perfume escapam do frasco em todas as direções e vão sofrendo um número imenso de colisões sucessivas com as moléculas de ar, difundindo-se pelo ar da sala. Cada colisão é um processo reversível. Nada impediria, em princípio, que essas colisões se invertessem e todo o perfume difundido voltasse espontaneamente a se concentrar no frasco. Entretanto, isso não acontece por ser fantasticamente *improvável*.

Da mesma forma, quando alguém mergulha numa piscina, sua energia cinética vai se convertendo em energia térmica das moléculas do ar atravessado e da água da piscina. Se filmarmos o mergulho e passarmos o filme de trás para diante, o mergulhador aparecerá sendo ejetado da piscina e levado de volta ao trampolim, o que provoca gargalhadas e nos parece absurdo – de novo, pela gigantesca improbabilidade, apesar de compatível com a conservação da energia (primeira lei).

A segunda lei é uma lei *estatística*, que se aplica graças ao número muito elevado de moléculas num sistema macroscópico. É isso que garante sua validade. Uma companhia de seguros de vida funciona porque tem muitos clientes e calcula a expectativa de vida empregando dados *estatísticos* coletados de toda a população. É baseada em *probabilidades*: a *lei dos grandes números* assegura sua liquidez financeira.

Nos exemplos anteriores, o estado microscópico inicial das moléculas é *ordenado* (todas as moléculas de perfume no frasco), e o estado final é totalmente *desordenado*. Na termodinâmica estatística, é introduzida uma grandeza, a *entropia*, que *mede o grau de desordem do estado microscópico de um sistema.*

Se considerarmos a evolução temporal de um sistema *isolado*, contido num recipiente cujas paredes não permitem trocas de energia nem mecânica nem térmica com o seu ambiente (o conteúdo de uma garrafa térmica exemplifica o isolamento térmico), a segunda lei pode ser formulada em termos da entropia do sistema, nos seguintes termos:

> Segunda lei da termodinâmica: a entropia de um sistema isolado não diminui, só pode aumentar ou então manter-se constante.

Se um sistema não está isolado, nada impede que sua entropia *diminua*, desde que a entropia de seu ambiente *aumente* na mesma ou em maior proporção.

Um organismo vivo parece violar essa lei. Todo o seu desenvolvimento, a partir de quando é gerado, revela um grau de ordem crescente. Por que não há contradição?

É essencial compreender o porquê: um organismo vivo *não é* um sistema isolado – ao contrário, é um sistema em forte interação com o seu ambiente, com o qual troca energia mecânica e térmica. Ele respira e se alimenta, sobrevivendo graças a essas e muitas outras formas de interação.

Em *O que é vida?*, Schrödinger diz que um organismo vivo "se alimenta de negentropia". Negentropia é entropia negativa, ou seja, *ordem* em lugar de desordem. Ludwig Boltzmann, fundador da mecânica estatística, já havia salientado esse ponto em 1875, referindo-se especificamente aos vegetais, ao afirmar:

> A luta dos organismos pela vida não é uma luta por matérias-primas – para eles, ar, água e o solo são abundantes – nem por energia, existente em qualquer deles sob a forma de calor –; é uma luta por (neg)entropia, que é fornecida pela transferência de energia do Sol quente para a Terra fria.

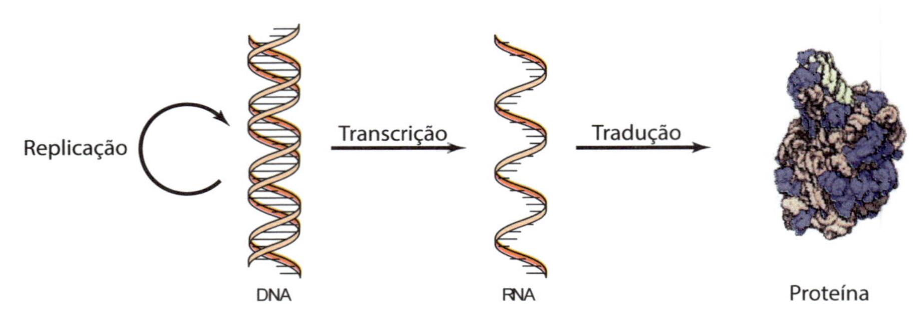

Figura 2.1 O "dogma central da biologia". DNA → RNA → Proteína. A ideia básica é que a informação genética passa do DNA para o RNA para a proteína, e não pode fluir em sentido inverso, de uma proteína para o DNA. Ele foi enunciado em 1958 por Francis Crick, embora na época ele não entendesse um dogma como algo inexorável. O DNA atua sobre ele próprio (na sua replicação). Um *retrovírus*, como HIV, pode transferir informação de seu RNA para o DNA de uma célula por ele infectada, e um mecanismo análogo é usado por *retrotransposons*.

Conforme veremos (no Capítulo 5), Boltzmann acerta em cheio: em última análise, é realmente o Sol o grande responsável pela manutenção da vida na Terra. A entropia do Sol aumenta pelo processo de emissão da radiação solar para o espaço, permitindo assim a diminuição de entropia na biosfera terrestre pelo desenvolvimento dos seres vivos.

Outro aparente obstáculo ao surgimento da vida é o processo de formação das proteínas (Figura 2.1): a informação contida no DNA é transferida para o RNA, e dele para as proteínas, mas não em sentido inverso.

Uma vez que as etapas desse processo, indicadas pelas setas na Figura 2.1, são catalisadas por proteínas, como ele pode ter surgido? É o velho problema do ovo e da galinha: quem apareceu primeiro?

A resposta foi facilitada com a descoberta, em 1982, de que o RNA, além de conter a sequência dos nucleotídeos, também é capaz de funcionar como catalisador. As *ribozimas*, enzimas de RNA, catalisam a síntese de proteínas nos *ribossomos*, onde se realiza esse processo nas células. Isso levou à hipótese, hoje amplamente aceita, do *mundo do RNA*. O RNA, ou um parente próximo anterior, teria sido precursor do DNA. Essa hipótese se fortaleceu ainda mais com os resultados obtidos durante a última década: descobriu-se que o RNA, embora formado por uma só cadeia, tem a capacidade de se replicar.

Onde na Terra teria surgido a vida? Vou expor a hipótese mais aceita e também a que me parece mais plausível: a de que isso teria ocorrido nas profundezas do oceano, numa *chaminé hidrotérmica alcalina*. Para explicar o que é isso, vou relatar como o primeiro local desse tipo foi descoberto, em dezembro de 2000. Parece uma aventura das *Vinte mil léguas submarinas* de Júlio Verne.

Figura 2.2 A Cidade Perdida, um dos ambientes mais extremos da Terra, existe há mais de 120.000 anos. Ilustrações belíssimas sobre sua descoberta e conteúdo se encontram em http://livro.link/144519.

Uma expedição científica submarina a uma montanha submersa, a meio caminho entre as ilhas Bermudas e as Canárias, encontrou, por acaso, a oitocentos metros de profundidade, uma formação calcária com torres de até sessenta metros de altura, à qual deu o nome romântico de "A Cidade Perdida" (Figura 2.2). Você pode ter uma ideia do seu aspecto assistindo ao vídeo *Lost City* em http://livro.link/14451.

A chaminé hidrotérmica alcalina emite um jato de água quente (temperaturas entre

60 °C e 90 °C), repleto de cálcio e rico em hidrogênio e metano, produzido quando a água do mar, infiltrando-se numa fenda, entra em contato com a crosta terrestre exposta, de temperatura elevada (até 400 °C). Uma segunda expedição à Cidade Perdida, em 2003, verificou que as paredes têm uma microestrutura alveolar esponjosa (Figura 2.3), habitada por uma grande abundância de micro-organismos, os mais antigos conhecidos.

Esses micro-organismos são de dois tipos: bactérias e *archaea*. Ambas são *procariontes*, ou seja, organismos unicelulares desprovidos de núcleos. As *archaea* foram inicialmente denominadas "archaeabactérias" por serem consideradas (erroneamente) antecessoras ("arcaicas") das bactérias. Hoje são reconhecidas como um *novo domínio da vida*, com características muito diversas das bactérias. Durante cerca de dois bilhões de anos, bactérias e *archaea* foram as únicas formas de vida na Terra!

Figura 2.3 Microestrutura das paredes numa faixa de 0,5 mm (500 μm) de largura. As dimensões dos alvéolos são comparáveis ao tamanho típico de células.

William Martin e Michael Russell, em 2003, formularam a hipótese de que chaminés hidrotérmicas alcalinas análogas à Cidade Perdida foram o berçário de protocélulas, nas quais a vida na Terra se originou por volta de 3,8 Ga (a abreviação *Ga* significa: *1 bilhão de anos atrás*). O planeta Terra foi formado em 4,5 Ga e o oceano primordial já se havia condensado em 4,4 Ga.

Nessa época, a atmosfera da Terra, como hoje, continha nitrogênio e vapor de água, mas não continha oxigênio molecular (O_2). Tanto ela como os oceanos deviam ser ricos em gás carbônico (CO_2), em parte originário de vulcões submarinos, acidificando a água do oceano. Nos dias atuais de aquecimento global, isso ocorre pela absorção do CO_2 atmosférico. Foi estimado que a abundância de CO_2 no oceano primordial devia ser mil vezes maior que a atual.

A hipótese de Martin e Russell se baseia num conjunto de inúmeros elementos favoráveis encontrados nas chaminés submarinas. A microestrutura esponjosa, com alvéolos de frações de milímetro, comparáveis ao tamanho de células (Figura 2.3), pelos quais circula a água quente, funcionaria como um *reator eletroquímico de fluxo* ("eletro" indica a participação de correntes elétricas).

Nesse sistema são gerados vários gradientes relevantes. O que é um gradiente? Num terreno, é como uma ladeira (aclive ou declive), que representa uma diferença de energia potencial. Um pedregulho no alto de um declive ganha energia cinética rolando por ele. O gradiente de temperatura entre a crosta terrestre quente exposta e a água do oceano mais fria gera o jato da fonte. O mais importante é o gradiente de pH.

O pH mede o grau de acidez ou basicidade da água em que há substâncias dissolvidas. Na solução, as cargas elétricas das substâncias iônicas se dissociam, caracterizando a natureza ácida, quando há uma concentração de íons positivos, como prótons, ou a natureza *básica*, quando predominam íons negativos. O vinagre é ácido e o leite de magnésia é básico. Nas chaminés primitivas, a água do oceano era ácida e as paredes alcalinas eram básicas.

Os jatos de água quente das chaminés hidrotérmicas contêm hidrogênio molecular (H_2). Esse H_2, que desempenha um papel central na origem da vida, é proveniente da reação da água do mar com minerais da crosta terrestre exposta em fendas. Essa reação dá o caráter alcalino aos jatos gerados nas fontes.

O oceano também continha ferro dissolvido, e as paredes das chaminés hidrotérmicas deveriam estar forradas de minérios de ferro e níquel com enxofre, que têm propriedades catalíticas. Uma cadeia de reações de H_2 com CO_2, que continua sendo empregada *atualmente* no metabolismo celular (outro indício da origem das células!), catalisada por esses minérios, produz moléculas orgânicas.

As reações são exotérmicas, produzindo mais energia, que pode, por sua vez, gerar novas moléculas orgânicas. Isso já foi comparado a "um almoço grátis que te pagam para comer". Um produto da cadeia de reações é uma substância denominada *acetil-CoA*, aparentada com o vinagre, que se combina com fósforo para formar acetil-fosfato. Poderia ter desempenhado o papel de *precursor do* RNA. A partir desse ponto, já teria sido dada a partida para o mundo do RNA.

Uma descoberta recente da NASA fortalece ainda mais a hipótese da origem da vida nas chaminés hidrotérmicas alcalinas. Em abril de 2017, foram anunciados resultados de observações realizadas pela missão *Cassini* na vizinhança de Encélado, uma das luas de Saturno. Essa lua contém um oceano interior sob uma espessa camada de gelo, e já se haviam detectado jatos de água emanando de fendas na superfície (Figura 2.4). As novas observações revelaram a presença, nesses jatos, de hidrogênio molecular e de metano, cuja explicação mais provável é um mecanismo análogo ao proposto por Russell e Martin.

Num artigo publicado em fevereiro de 2018, um grupo de cientistas da Universidade de Viena relata que reproduziu em laboratório um ambiente análogo ao de Encélado, e nele desenvolveu com sucesso uma arqueobactéria terrestre. Assim, a lua Encélado é, por ora, o único local conhecido fora da Terra onde pode existir ou ter existido vida. Uma missão futura especialmente equipada poderá verificar isso.

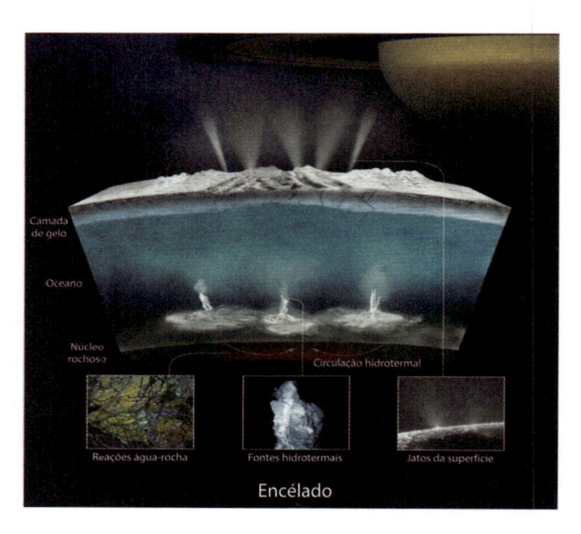

Figura 2.4 Jatos de Encélado. A descoberta da presença de hidrogênio molecular nos jatos favorece a hipótese da origem da vida em chaminés hidrotérmicas.

De que forma protocélulas aninhadas em alvéolos de chaminés hidrotérmicas puderam converter-se em células autônomas, capazes de migrar para fora das chaminés? Um primeiro requisito foi munirem-se de uma membrana capaz de proteger o seu conteúdo, permitindo assim trocas com o meio externo para alimentação e excreção. O outro, ainda mais importante, é uma fonte de energia própria.

Os micro-organismos mais antigos conhecidos, bactérias e *archaea*, empregam o mesmo tipo de *fonte de energia* e o mesmo *código genético*. Ambos são *características universais de todos os seres vivos*, sugerindo um precursor comum. Esse precursor imediato de ambos é chamado de LUCA, acrônimo de *Last Universal Common Ancestor* (Último Ancestral Comum Universal).

As membranas tanto de bactérias como de *archaea* são formadas de lipídios, mas têm composições e estruturas muito diferentes, que devem ter divergido a partir da membrana de LUCA. De que forma precisa isso teria acontecido ainda é um problema em aberto e bastante discutido, demasiado técnico para ser exposto aqui. Qual teria sido a fonte de energia?

3. Geração da energia biológica e os procariontes

O funcionamento das células, seu *metabolismo*, é movido a energia química. O vetor dessa energia é a molécula de adenosina trifosfato (ATP), que contém o nucleotídeo *adenina* (uma das quatro bases do DNA ou RNA) e uma cadeia de três grupos *fosfato*. A energia é produzida por *hidrólise* (reação de quebra de uma ligação química mediada por uma molécula de água), com a conversão de ATP em ADP (adenosina difosfato) e a liberação de um fosfato inorgânico,

$$ATP + H_2O \leftrightharpoons ADP + P_i + energia$$

em que a dupla seta intermediária indica que a reação é reversível e P_i representa um grupo fosfato inorgânico.

Figura 3.1 Peter Dennis Mitchell, químico. Recebeu o Prêmio Nobel de Química de 1978 "por sua contribuição ao entendimento da transferência biológica de energia por meio da formulação da teoria quimiosmótica". Excêntrico e extremamente original, financiou seu próprio laboratório de pesquisas.

Para manter o metabolismo, é necessário que o ATP seja constantemente reposto à medida que vai sendo utilizado. O mecanismo universal empregado para isso é outro dos segredos da vida, de importância comparável à do DNA: chama-se *quimiosmose*. Esse processo foi sugerido como uma hipótese em 1961 por um bioquímico visionário, Peter Mitchell (Figura 3.1), tendo-lhe valido o Prêmio Nobel de Química em 1978, após quase duas décadas da mais violenta disputa do século XX na bioquímica.

A hipótese de Mitchell já foi descrita como "a ideia mais anti-intuitiva na biologia desde Darwin" e comparada às ideias de Einstein e Schrödinger. Ela propõe que o mecanismo básico é *a geração de um gradiente de concentração de prótons através de uma membrana celular interna ou externa*. Uma vez estabelecido o gradiente, por bombeamento de prótons de um lado para outro, existe um campo elétrico através da membrana. Entre 1964 e 1973, Paul Boyer elucidou o mecanismo quimiosmótico de síntese do ATP pela proteína *ATP sintase*, também conhecida como "o motor da vida", que será discutida no Capítulo 11. Esse motor, acionado pela corrente elétrica de prótons, catalisa a síntese de ATP. Ele está representado à direita na Figura 3.1.

A razão pela qual a hipótese de Mitchell foi tão contestada é o fato de ter sido a primeira vez em que o modelo tradicional de reações químicas por interações entre moléculas, seguindo a lei das proporções definidas, foi substituído por um gradiente de prótons através de uma membrana. Por outro lado, ela forneceu mais um argumento para a proposta da origem da vida em chaminés hidrotérmicas alcalinas, pois, como vimos, elas são permeadas de gradientes iônicos naturais.

Munidos de membranas e fontes de energia autônomas, os primeiros seres vivos, as bactérias e *archaea*, puderam se afastar de seus nichos nas chaminés. Descobertas recentes em rochas sedimentares no Canadá indicam que isso deve ter acontecido entre 3,8 e 4,3 Ga. São seres unicelulares, que constituem os *procariontes*, nome que os caracteriza como sendo desprovidos de núcleos (*karyos*, do grego, significa núcleo ou caroço).

A Figura 3.2 ilustra uma estrutura típica (tubular) de procarionte, a bactéria *Escherichia coli*, hóspede comumente inofensivo de nosso intestino, mas capaz de provocar infecções. Sua membrana é cercada por uma parede celular. Seu DNA, com um cromossomo único, tem um contorno fechado. As manchinhas são *ribossomos*, onde são montadas as proteínas. A *E. Coli* possui flagelos, que emprega para natação por um mecanismo fascinante, que será descrito no Capítulo 11.

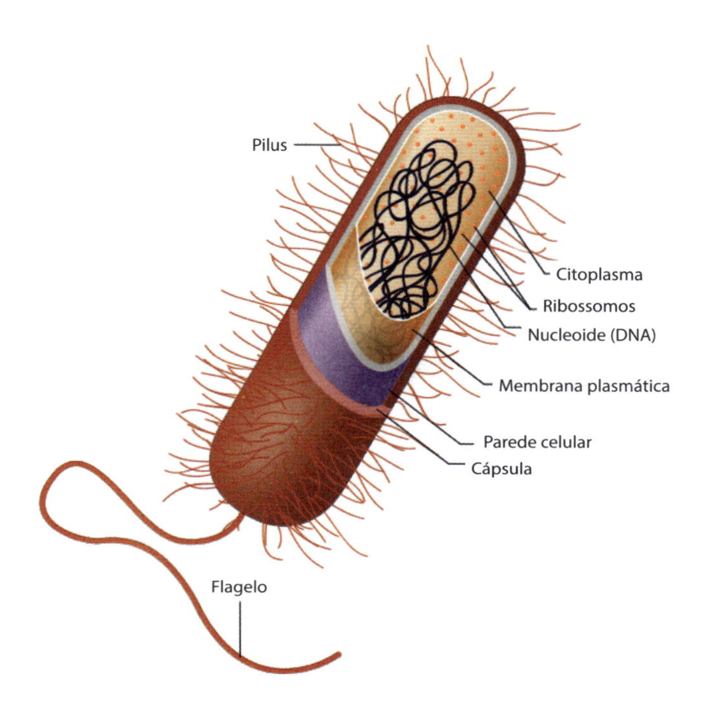

Figura 3.2 Estrutura da bactéria *E. Coli*. Note a membrana dupla, o DNA no nucleoide com um só cromossomo, os flagelos e os pelos, usados para natação.

Os procariontes multiplicam-se por *fissão binária*, replicando o DNA e dividindo-se (clonagem) em dois novos organismos. É muito difícil inferir sua evolução filogenética, porque ocorre entre eles a *transferência lateral de genes*, um processo em que trocam entre si partes de seus DNAs, quer por contato direto, quer por mediação de agentes como vírus.

A grande contribuição das bactérias para a evolução da vida na Terra foi a *oxigenação da atmosfera pelas cianobactérias*. Como elas se aglomeram em filamentos, foram erroneamente confundidas com algas e chamadas de "algas verde-azuladas". A coloração se origina da presença de *clorofila*, à qual se deve sua capacidade de realizar a *fotossíntese*. O mecanismo da fotossíntese será discutido no Capítulo 5. É ela que captura a luz solar para manter a vida, e um de seus produtos é o oxigênio, extraído da água.

As cianobactérias são encontradas em quase todos os hábitats terrestres e aquáticos, tanto na superfície dos oceanos quanto nos de água doce, e têm uma enorme capacidade de geração de oxigênio, o que explica como sua atuação ao longo de dezenas de milhões de anos (levando em conta processos de absorção) foi capaz de alterar toda a atmosfera da Terra, que era inicialmente quase totalmente desprovida de oxigênio, até sua abundância atual de 21%. Como o oxigênio é muito mais eficiente para o metabolismo do que outras fontes de energia, isso teve importância fundamental para a evolução.

4. A origem dos eucariontes e da complexidade

Os *eucariontes*, que incluem as plantas e os animais, são formados por células dotadas de um *núcleo celular*. Ainda mais importante é a presença nas células eucarióticas de *mitocôndrias*, que constituem usinas especializadas na produção de energia, sob a forma de ATP. Elas permitiram aos eucariontes evoluir para um grau de complexidade (chegando até os seres humanos) jamais atingido pelos procariontes.

A origem dos eucariontes é um dos tópicos mais controvertidos da biologia. Um exemplo recente foi a descoberta, em 2015, próximo a uma fonte hidrotérmica nas profundezas do oceano Ártico, de um novo tipo de *archaea* denominado *Lokiarchaeum*, que parecia ser um elo perdido entre procariontes e eucariontes. Seu genoma foi reconstituído a partir de um punhado de apenas 10 gramas de sedimento. Infelizmente, em junho de 2017, esse resultado foi contestado, sendo atribuído à contaminação.

A hipótese que continua sendo a mais plausível é a de que a primeira célula eucariótica tenha resultado de *endossimbiose* entre um *archaeon* e uma bactéria, em que a bactéria foi engolida pelo *archaeon*, num encontro fortuito, que *pode ter ocorrido uma única vez na história da Terra* (por ser muitíssimo improvável), entre 2 e 1,5 Ga atrás. Isso corresponde à "árvore da vida" ilustrada na Figura 4.1.

Simbiose é uma associação a longo prazo entre dois organismos de espécies diferentes, geralmente benéfica para ambos. Um exemplo é o das bactérias fixadoras do nitrogênio do ar, cuja simbiose com as raízes das

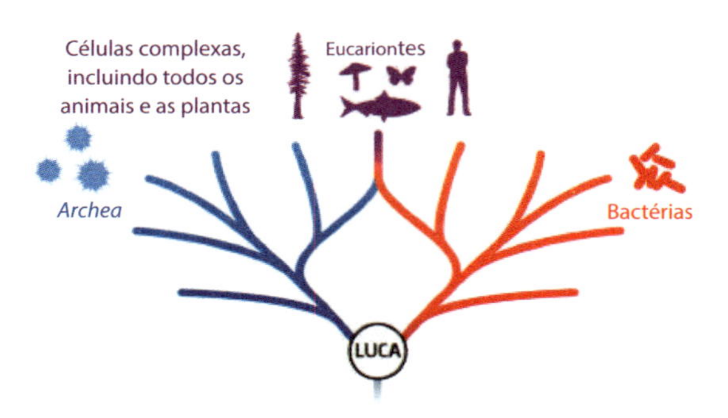

Figura 4.1 Origem dos eucariontes. Bactérias e *archaea* se originaram de LUCA, o último ancestral comum universal. Os eucariontes resultaram da fusão desses dois ramos da árvore da vida.

plantas substitui os fertilizantes, em troca dos carboidratos que recebem delas – um processo aplicado no Brasil graças aos estudos da notável cientista da Embrapa Johanna Döbereiner, que economizou bilhões de dólares e tornou o Brasil um dos maiores produtores mundiais de soja.

Endossimbiose é o caso especial de simbiose em que um dos organismos vive dentro do outro. O *archaeon* na associação teria sido do tipo encontrado atualmente em pântanos, alimentando-se de CO_2 e H_2 e produzindo H_2O e metano (CH_4, gás natural), cuja combustão é a origem dos misteriosos *fogos-fátuos* avistados sobre brejos. A bactéria era *aeróbica*, respirando O_2 e expirando CO_2 e H_2 para gerar ATP, mas também capaz do mecanismo anaeróbico de *fermentação*. Assim, cada um dos endossimbiontes era capaz de se alimentar dos produtos gerados pelo outro.

Uma vez engolida a bactéria pelo *archaeon*, houve uma adaptação mútua entre os processos metabólicos e outras características dos dois parceiros, bem como a formação do *núcleo celular*, cuja origem será descrita logo a seguir, levando a bactéria a transformar-se numa *nova organela* da *célula eucariótica animal* assim gerada, a *mitocôndria*. Numa endossimbiose secundária ulterior, essa célula teria engolido uma *cianobactéria*, capaz de realizar fotossíntese oxigênica, que se converteu num *cloroplasto*, produzindo assim a célula eucariótica *vegetal*. Esses dois processos estão esquematizados na Figura 4.2.

Que evidências existem desse processo de formação das mitocôndrias? Há muitas: genomas de mitocôndrias são muito semelhantes aos de bactérias como as rickéttsias. As mitocôndrias, como as bactérias, têm membrana dupla, que contém proteínas só encontradas em bactérias. Da mesma forma que as bactérias, elas se multiplicam por clonagem (fissão binária).

O que teria levado à formação do núcleo? A hipótese de Bill Martin e Eugene Koonin (Nature, 2006) fornece uma explicação, como consequência lógica da formação das mitocôndrias. Nos novos organismos formados pela endossimbiose, houve uma competição entre dois DNAs diferentes: o do *archaeon* hospedeiro e o das bactérias hospedadas, convertidas em mitocôndrias.

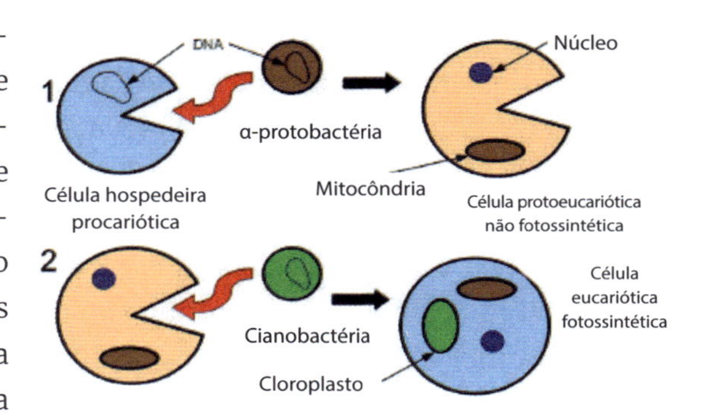

Figura 4.2 Origem das mitocôndrias, do núcleo e dos cloroplastos. Num primeiro estágio (1), endosimbiose entre uma archaea e uma bactéria engolida por ela produziu uma célula eucariótica, com a bactéria convertida em mitocôndria e o núcleo criado para proteger os cromossomos. Num estágio posterior (2), endosimbiose com uma cianobactéria converteu-a em cloroplasto, produzindo uma célula vegetal capaz de fotossíntese.

O DNA dos eucariontes atuais, ao contrário do de procariontes, é formado por *éxons*, sequências que são transcritas em proteínas, e *íntrons*, que constituem o DNA chamado "não codificante". No genoma humano, os íntrons são muito mais numerosos do que os éxons. Numa das etapas do processo de construção das proteínas, o *mRNA* (RNA mensageiro; ver o Capítulo 1) é editado por um processo de corte e colagem (*splicing*; ver a Figura 4.3), análogo ao da edição de uma fita de vídeo, para remover os íntrons, antes de ser levado a um *ribossomo*, onde a proteína é construída. Esse processo será analisado mais minuciosamente no Capítulo 14.

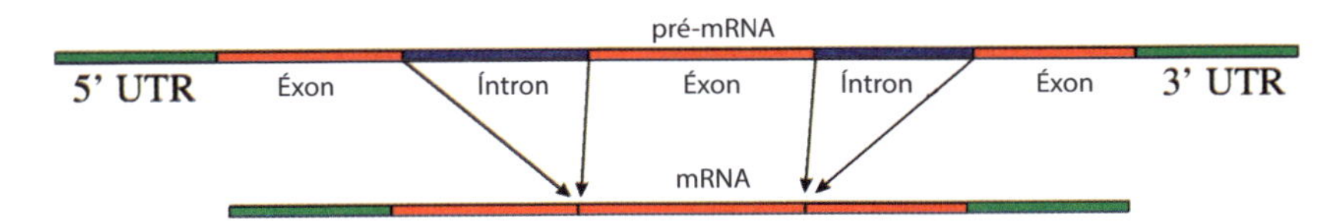

Figura 4.3 *Splicing*. O precursor do mRNA (RNA mensageiro) é editado por *splicing*, processo de corte e colagem, análogo à edição de uma fita de vídeo, para remover os íntrons (não codificantes) e juntar todos os éxons, que codificam aminoácidos das proteínas. Isso gera o RNA mensageiro que será transferido do núcleo para o citoplasma.

Ocorre que o *splicing* é muito mais lento do que a atuação do ribossomo. Nos eucariontes, quando recém-formados, isso teria levado os ribossomos a gerar grande quantidade de *pseudoproteínas* disfuncionais antes da remoção dos íntrons. A forma mais simples de evitar que isso acontecesse foi criar na célula um compartimento separado, onde o *splicing* ocorresse antes de levar o mRNA ao ribossomo. É o que acontece no *núcleo celular*, cuja membrana tem *poros*, permitindo a passagem do mRNA já editado até um ribossomo.

Uma vez formado o núcleo celular, os genes da mitocôndria foram sendo transferidos para o núcleo, permanecendo na mitocôndria apenas o mínimo necessário para garantir o metabolismo respiratório da própria mitocôndria. Assim, o DNA mitocondrial humano tem apenas treze genes que codificam proteínas: todos os outros foram transferidos para o núcleo, inclusive genes que produzem proteínas para as próprias mitocôndrias. Esse número deve ser comparado com o número de genes no núcleo de nossas células, que é da ordem de 25 mil. Cerca de 99% dos genes da bactéria capturada foram transferidos para o núcleo!

Os eucariontes evoluíram para se tornarem organismos enormemente mais complexos do que os procariontes. Por exemplo, o seu tamanho (volume) médio é da ordem de 15 mil vezes maior. O que isso tem a ver com a formação das mitocôndrias?

No filme *Todos os homens do presidente* (1976), o conselho do informante "Deep Throat" aos repórteres para desvendar o escândalo do Watergate é *follow the money* ("siga o dinheiro"). Para entender a origem da complexidade dos eucariontes, como foi enfatizado por Nick Lane, a pista é: "*siga a energia*". A função das mitocôndrias é a geração de energia, ou seja, de ATP, pelo mecanismo quimiosmótico de produção de um gradiente de concentração protônica através de uma membrana. A diferença em relação aos procariontes é que nestes a membrana é a própria membrana da célula, ao passo que nos eucariontes é a membrana das mitocôndrias, organelas internas das células.

Para que é utilizada a energia? Numa célula, cerca de 80% de toda a energia produzida é empregada na formação de proteínas, e apenas 2% na duplicação do DNA. Cada proteína corresponde a um gene, e assim a pista passa a ser "*siga a energia disponível para produzir genes*". Isso torna crucial o fato de que as células eucarióticas transferiram quase todos os seus genes para o núcleo, segregando uma fração ínfima, apenas treze genes, em cada mitocôndria produtora de energia. Daí resulta que *a energia disponível para produzir genes é da ordem de 5 mil vezes maior nos eucariontes do que nos procariontes*, explicando por que a complexidade das bactérias e *archaea* quase não mudou ao longo de 4 bilhões de anos, ao passo que, para os eucariontes, houve uma *explosão de complexidade* desde sua origem, muito mais recente.

Para aumentar a geração de energia conforme as necessidades de cada tipo de célula eucariótica, basta aumentar o *número* de mitocôndrias, lembrando que elas se reproduzem por fissão binária. Em média, uma célula eucariótica tem algumas centenas de mitocôndrias; em células do nosso fígado, esse número chega a ser de mil a dois mil.

5. Como a luz solar sustenta a vida na Terra

Como vimos no Capítulo 3, foi a fotossíntese pelas cianobactérias que oxigenou a atmosfera terrestre. Com o surgimento dos eucariontes, ela passou a ser realizada pelas plantas, principal fonte atual do oxigênio atmosférico. Elas removem CO_2 da atmosfera (é por isso que incrementar a vegetação combate o aquecimento global) e retiram água do solo, empregando a energia da luz solar para produzir açúcares como a glicose, usados por elas e pelos animais em seu metabolismo.

Caso se reduzisse a uma simples reação química, a fotossíntese seria representada por

$$6\,CO_2 + 6H_2O + \text{Luz} \rightarrow C_6H_{12}O_6 + 6O_2$$

em que $C_6H_{12}O_6$ é a fórmula química da *glicose*, principal fonte de energia no metabolismo celular. Mas essa fórmula está longe de representar o mecanismo extremamente sofisticado da fotossíntese.

Ela é realizada nos *cloroplastos*, os análogos vegetais das mitocôndrias. Uma célula vegetal típica contém dezenas de cloroplastos. Vou esquematizar aqui apenas rudimentos desse processo extremamente complexo. A Figura 5.1 mostra parte da membrana de um cloroplasto, na qual estão embutidas diversas proteínas que participam nesse processo. Detalhes técnicos são descritos na legenda da figura.

Os leitores mais nerds criarão coragem para se embrenhar nesses detalhes (isso também vale para as Figuras 5.2 e 5.4)!

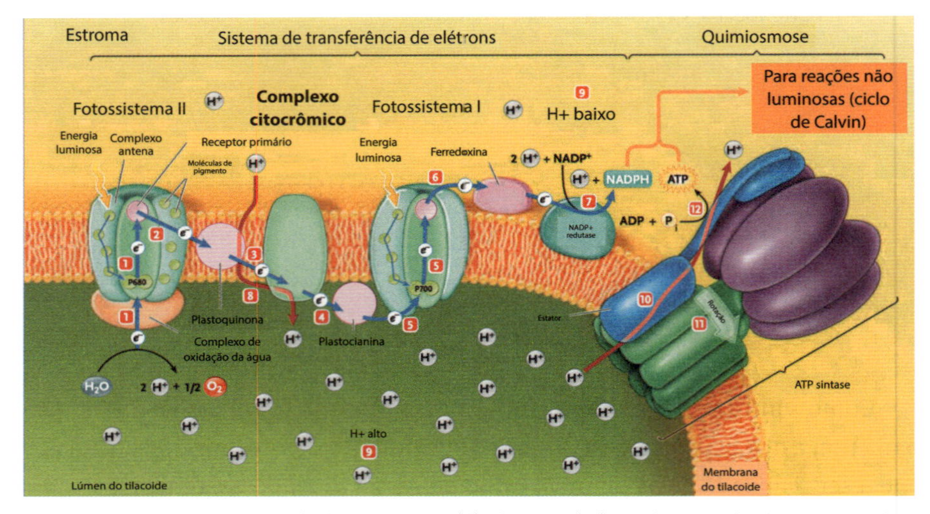

Figura 5.1 A fase luminosa da fotossíntese. (**1**) Elétrons (e^-) resultantes da dissociação do H_2O em $2H^+ + \frac{1}{2}O_2$ são transferidos pela luz para a clorofila do *Fotossistema II* e (**2**, **3**) para o *complexo citocrômico*, que bombeia prótons (H^+) de fora para dentro. Daí (**4**, **5**) passam para o *Fotossistema I*, onde os e^- voltam a absorver energia da luz e são transferidos para outra clorofila, e (**6**) para a transportadora *ferredoxina*. Dela são levados para $NADP^+$, que é convertido em NADPH (*fosfato de dinucleotídeo de adenina e nicotinamida*) pela *redutase*, absorvendo um H^+ (**7**). A transferência de H^+ de fora para dentro (**8**, **9**) cria o gradiente de concentração iônica que, por *quimiosmose* (**10**, **11**), gera a rotação da *ATP sintase*, catalisando a síntese de ATP (**12**), conforme descrito no Capítulo 11.

A luz solar é absorvida por uma molécula do pigmento clorofila, fornecendo energia a um elétron (e^-) cujas transferências ao longo do processo estão numeradas na figura e indicadas pelas setas azuis. Prótons extraídos da água (gerando O_2) estão representados como bolinhas com o símbolo H^+. Note que a concentração deles na região interna é bem maior do que na região externa, criando o gradiente de concentração iônica através da membrana que é característico da quimiosmose. Na extremidade direita aparece a proteína *ATP sintase*, o "motor da vida" (ver o Capítulo 11), catalisando a síntese do ATP a partir do ADP. Com nova absorção de luz solar, é gerada também a molécula NADPH.

A etapa seguinte (fase não luminosa) utiliza a energia contida no ATP e NADPH para produzir glicose, utilizando uma enzima extremamente importante chamada *rubisco*, que fixa carbono extraído da atmosfera (etapa 1C na Figura 5.2).

A glicose produzida na fotossíntese fornece à planta, ou ao animal que se alimenta dela, a energia usada em seu metabolismo, fabricando ATP por meio da *respiração celular*. Esta é processada em sentido inverso à fotossíntese, usando glicose e oxigênio e produzindo água e dióxido de carbono, além do ATP (Figura 5.3).

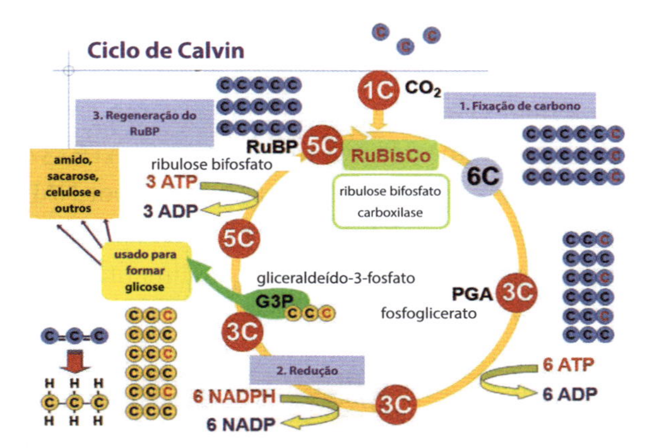

Figura 5.2 A fase não luminosa utiliza os produtos da fase luminosa (ATP e NADPH) para fixar CO_2 extraído da atmosfera, utilizando a enzima RuBisCO *(Ribulose-1,5-Bisfosfato Carboxilase Oxigenase)*, a proteína mais abundante nas plantas, para produzir *gliceraldeído-3-fosfato*, empregado a seguir para formar a glicose e outros açúcares, e finalmente regenerar o RuBisCO, completando o *ciclo de Calvin*.

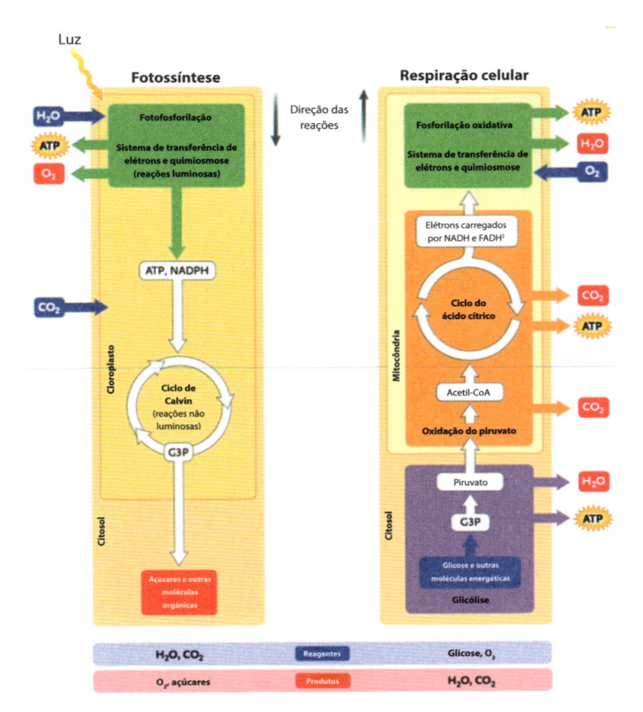

Figura 5.3 Respiração celular *versus* fotossíntese. A respiração celular é essencial em *todas* as células, e reproduz as reações da fotossíntese em sentido inverso, para metabolizar a glicose, utilizando O_2, gerando ATP e liberando CO_2 e H_2O. Note que o acetil-CoA, mencionado no Capítulo 2 como possível precursor do RNA, é intermediário no ciclo do ácido cítrico.

No citosol (citoplasma) da célula, a glicose é convertida em *piruvato* antes de penetrar na mitocôndria, onde passa pelo *ciclo do ácido cítrico* antes da etapa final. O acetil-CoA, que vimos como precursor do RNA no Capítulo 2, serve de intermediário. A maior parte do ATP (32 moléculas!) é gerada após a passagem dos elétrons, transportados por NADH através de uma série de quatro complexos. Estes bombeiam prótons através da membrana da mitocôndria, gerando o gradiente que alimenta a ATP sintase, para catalisar a síntese do ATP (Figura 5.4).

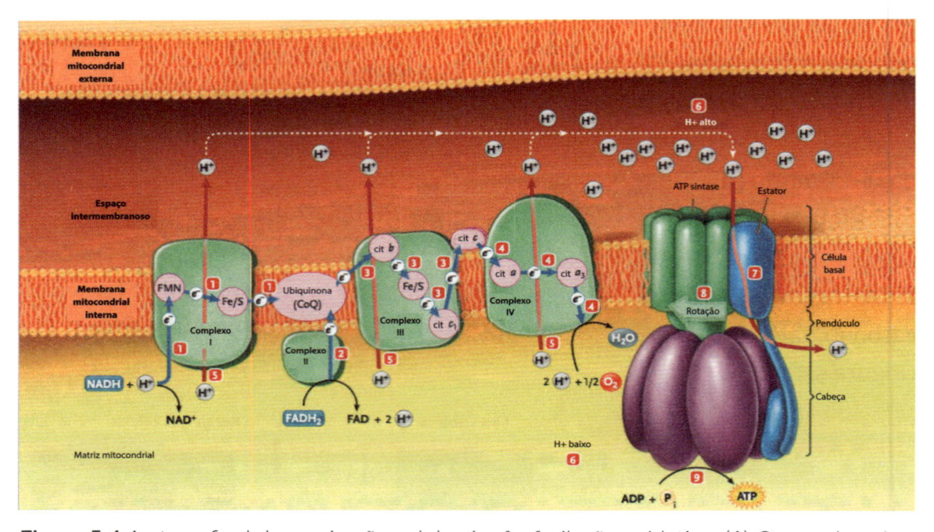

Figura 5.4 A etapa final da respiração celular é a fosforilação oxidativa. (**1**) O complexo I transfere elétrons (e^-) do NADH para a *Ubiquinona*, que também (**2**) recebe e^- do complexo II e os transfere (**3**, **4**) para o complexo IV. Eles vão neutralizar dois H^+ (**5**), combinando-os com O para produzir H_2O e baixando a concentração de H^+ fora da membrana. O gradiente de concentração (**6**) leva por *quimiosmose* à síntese de ATP, *fosforilando* ADP, pela *ATP sintase* (**7**, **8**, **9**).

Como vemos, a ATP sintase desempenha um papel central tanto na fotossíntese quanto na respiração celular, justificando chamá-la de "motor da vida".

O Sol também contribuiu para tornar possível a vida por meio de um efeito que hoje em dia é considerado o vilão do aquecimento global, o *efeito estufa*. Sem ele, a temperatura média da atmosfera circundando a Terra teria sido de −18 °C. Graças a ele, foi mantida num valor confortável, de 14 °C.

Numa linha do tempo, as principais etapas da evolução da vida na Terra que vimos até aqui estão sintetizadas na Figura 5.5.

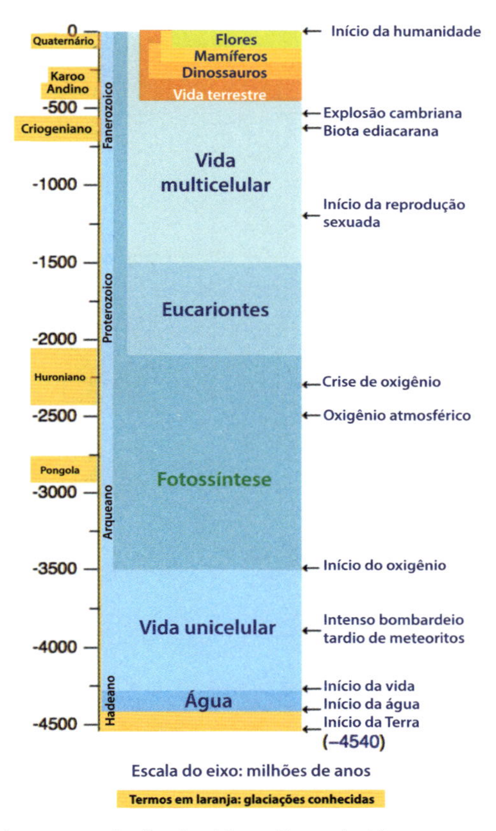

Figura 5.5 Linha do tempo: evolução da vida na Terra. A vida surge no período *Hadeano*, e a fotossíntese pelas cianobactérias no *Arqueano*, levando à oxigenação da atmosfera. Os procariontes são a única forma de vida durante cerca de dois bilhões de anos, até o surgimento dos eucariontes no período *Proterozoico*. A explosão cambriana ocorre no *Fanerozoico*. A escala é calibrada em milhões de anos.

Vimos, assim, a origem dos principais componentes das células eucarióticas, o que nos permite passar a discutir, nas Partes II e III, *como a vida atualmente funciona.*

Parte II

O que somos? A célula

6. O conteúdo de nossas células

Em seu primeiro trabalho, publicado em 1950, Francis Crick empregou um método muito engenhoso, precursor do que hoje se chama de "pinça magnética", para sondar (e assim modelar) o interior de uma célula, usando um ímã para deslocar partículas magnéticas ingeridas pela célula. Sua conclusão foi a seguinte: "Se tivéssemos que sugerir um modelo, proporíamos a Cesta de Costura da Mamãe – uma mixórdia de contas e botões de todas as formas e tamanhos, mais alfinetes e fios de linha, sacudidos e mantidos por 'forças coloidais'" (EXPERIMENTAL CELL RESEARCH, 1950).

É uma descrição válida do interior extremamente atravancado e agitado de uma célula típica (excluindo o núcleo), o *citoplasma.* Ele contém *organelas*, como as mitocôndrias e outras que discutiremos adiante, imersas no *citosol*, um fluido que ocupa 70% de seu volume. O citosol é uma suspensão aquosa e gelatinosa de uma grande variedade de moléculas, principalmente proteínas. Ele é permeado por uma malha de fibras que define a forma e o arcabouço da célula, o *citoesqueleto*. As principais são os *filamentos de actina e tubulina* e os *filamentos intermediários.*

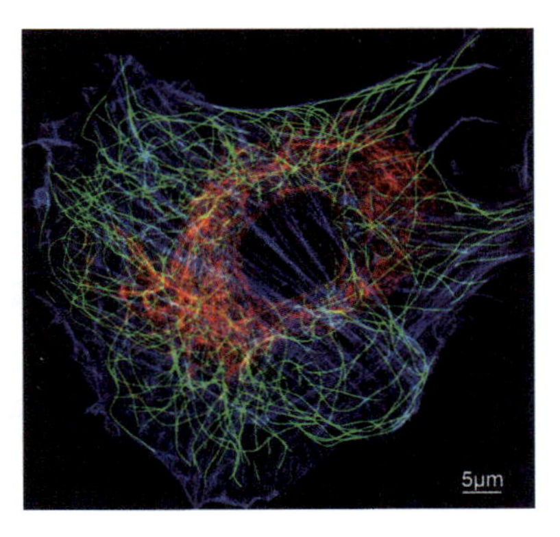

Figura 6.1 O citoesqueleto, formado por uma variedade de fibras de biopolímeros, tem múltiplas funções.

Na imagem por fluorescência do citoesqueleto (Figura 6.1), com o núcleo no centro, os filamentos de actina aparecem em azul, os de tubulina em verde e os intermediários em vermelho. A actina está mais concentrada na periferia da célula, formando o *córtex celular*, que sustenta a membrana.

Uma das funções do citoesqueleto é servir como sistema de transporte, uma espécie de rede interna de trilhos de metrô da célula. Sem ele, se o transporte tivesse de ser por difusão, seria como substituir carros de Fórmula 1 por tartarugas desorientadas. O citoesqueleto também contribui para a capacidade de uma célula se deslocar e de um músculo se contrair.

Os três tipos de filamentos estão desenhados (na mesma escala) na Figura 6.2. Todos são *polímeros*, cujas subunidades são *monômeros de actina* para os filamentos de actina e *dímeros de tubulina* para os microtúbulos. Os filamentos de actina lembram dois colares de contas enrolados um no outro, e os de tubulina lembram espigas de milho com treze fieiras, enroladas num cilindro central.

Filamentos de actina e microtúbulos são *orientados*, com extremidades assimétricas. As de microtúbulos são designadas por + e por −. As de filamentos de actina são chamadas de "ponta" e "cauda", como as extremidades de uma flecha. Quando crescem ou encolhem, o que ocorre com grande frequência e rapidez nas células, a polimerização ou despolimerização é mais veloz na cauda do que na ponta.

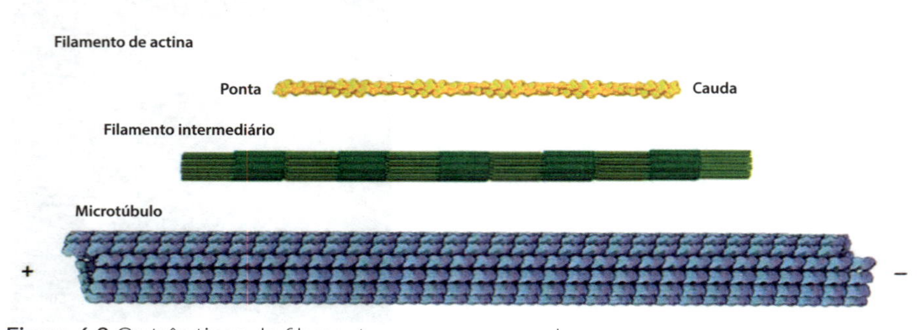

Figura 6.2 Os três tipos de filamentos, na mesma escala.

O que é transportado ao longo do citoesqueleto e de que forma isso ocorre? Há muitos tipos de cargas possíveis, dependendo do tipo de célula e da etapa de seu desenvolvimento. Na divisão celular, por exemplo, os cromossomos duplicados são transportados para a região central da célula ao longo de microtúbulos. Num neurônio (célula nervosa), vesículas são transportadas, também, ao longo de microtúbulos, entre o *corpo celular* e a extremidade do *axônio*, que se comunica com outros neurônios (Figura 6.3).

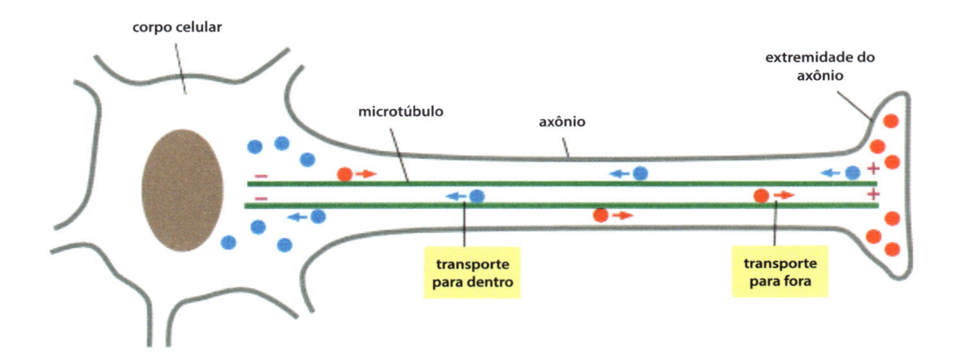

Figura 6.3 Transporte de vesículas num neurônio. No interior do *axônio*, as vesículas são transportadas ao longo de microtúbulos por *cinesinas*. As vesículas contêm *neurotransmissores*, que serão transferidos para outros neurônios por meio de *sinapses*.

Como tudo que ocorre dentro de uma célula, os atores são proteínas especializadas, as *proteínas motoras*. No próximo capítulo, vou descrever a forma maravilhosa como isso acontece.

7. MMM: Máquinas Moleculares Maravilhosas

As proteínas motoras servirão como primeiro exemplo do que vou chamar de MMM: **M**áquinas **M**oleculares **M**aravilhosas criadas pela evolução, que funcionam dentro das células, na escala nanométrica (1 nm é 1 *nanômetro* = um bilionésimo de metro).

As *cinesinas* e as *dineínas* (Figura 7.1) são responsáveis pelo transporte de cargas ao longo de microtúbulos em neurônios, especializando-se em transporte orientado em sentidos opostos (cinesinas de – para +, dineínas de + para –). O suporte da carga transportada é chamado de "cauda" da proteína, e as partes em contato com o microtúbulo são as duas "cabeças". Teria sido mais lógico chamá-las de pés, pois *caminham* sobre o microtúbulo. As cabeças são os *domínios motores*. Cada cabeça contém um compartimento para alojar o ATP (fonte de energia) e um dispositivo para aderir ao filamento sobre o qual caminha.

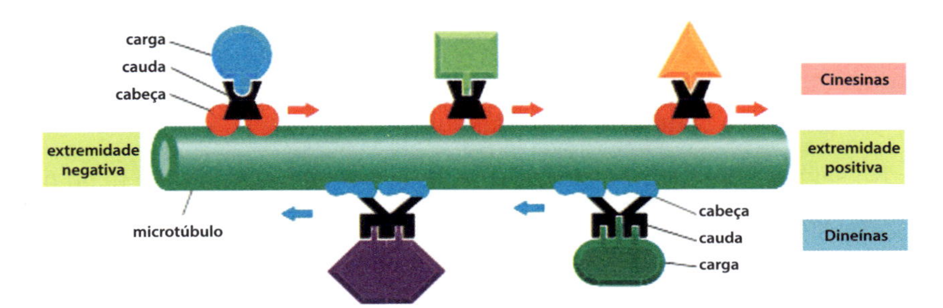

Figura 7.1 Cinesinas e dineínas. Ambas são *proteínas motoras* que transportam cargas ao longo de microtúbulos em sentidos opostos. Não estamos levando isso em conta, mas ambas são membros de *famílias* com muitos tipos diferentes.

A melhor maneira de visualizar como isso acontece é assistir a um vídeo de uma simulação baseada em dados reais. Um ótimo vídeo (narrado em inglês) está disponível no YouTube, intitulado *Kinesin walking narrated version for garland.*[1] A Figura 7.2 reproduz quatro imagens desse vídeo, que passo a descrever.

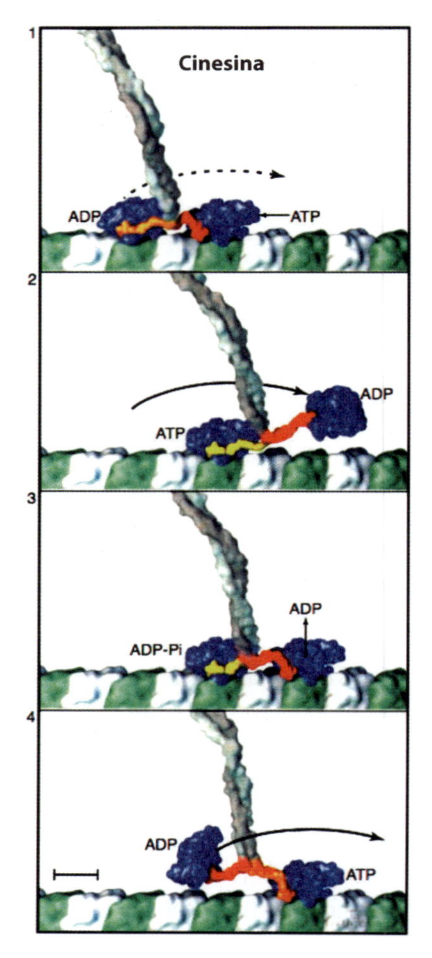

Figura 7.2 Miosina V caminhando sobre actina.

A primeira imagem mostra o microtúbulo, formado de dímeros (representados em verde e branco alternados), com espaçamento de 8 nm entre dois do mesmo tipo, e a cinesina, com as cabeças (em azul) e o "pedúnculo" vertical (em cinza) que as liga à cauda, onde fica a carga transportada (fora do quadro). As cabeças estão *articuladas* entre si por suas ligações ao pedúnculo (em vermelho e amarelo), que vinculam seus movimentos.

A energia é suprida pela hidrólise de ATP. Inicialmente, a cabeça 1 (esquerda) contém ADP e a 2 (direita) está vazia, com ambas ligadas ao microtúbulo. No quadro 1, um ATP se liga à cabeça 2 e um ADP deixa a 1, provocando uma rotação da cabeça 1 em torno do pedúnculo.

Na segunda imagem, a cabeça 2, agora com um ATP alojado nela, permanece onde estava, e a 1 procura o sítio de ligação seguinte. Na terceira imagem, a cabeça 1 achou esse sítio, enquanto na 2 o ATP foi hidrolisado para ADP + P_i. Na quarta imagem, o fosfato inorgânico P_i deixou a cabeça 2,

1 Disponível em: http://livro.link/14452.

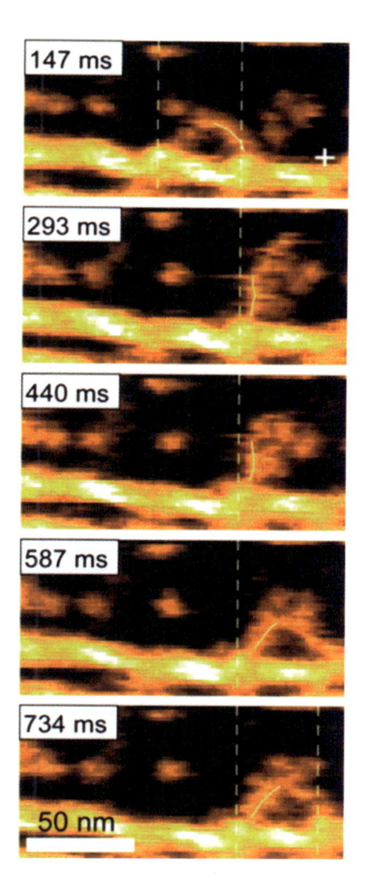

Figura 7.3 Miosina V caminhando sobre actina. Imagens de um vídeo em instantes indicados no topo de cada imagem.

voltando assim à situação da primeira imagem, mas com a cinesina tendo *avançado em 8 nm*.

Isso fecha o ciclo, permitindo que recomece. É notável que a evolução (Darwin atuando!) tenha levado a realizá-lo à custa da hidrólise de *uma única molécula de ATP*, e com *um passo igual à periodicidade da tubulina*. A velocidade do deslocamento, medida em termos do tempo que demora para deslocar o sistema de uma distância igual ao seu tamanho, é comparável à de um automóvel, mas a eficiência energética é muitas vezes maior!

Uma animação muito bonita da cinesina transportando uma vesícula sobre um microtúbulo está no YouTube, com o título *Kinesin protein walking on microtubule.*[2] Ainda mais impressionante é uma reconstrução desse processo a partir de imagens *reais* obtidas por microscopia eletrônica, juntando posições diferentes: *Kinesin inchworm silly walk hybrid motion reconstruction.*[3] Vejam, caros leitores, e procurem imaginar isso ocorrendo dentro das suas células!

Outra proteína motora muito estudada é a miosina V, que transporta cargas ao longo de filamentos de actina, de forma muito semelhante a como você e eu caminhamos. O laboratório de Toshio Ando no Japão conseguiu em 2012, com a nova técnica de microscopia rápida de força atômica, registrar esse movimento (Figura 7.3 e o vídeo *High-Speed AFM and Applications to Biomolecular Systems*).[4]

---

2 Disponível em: http://livro.link/14453.
3 Disponível em: http://livro.link/14454.
4 Disponível em: http://livro.link/14455.

8. O demônio de Maxwell

Como é possível que proteínas motoras como as MMM do capítulo anterior (e muitas outras que ainda vamos ver) sejam capazes de realizar tamanhos prodígios? Em seu belo livro *O acaso e a necessidade*, o biólogo molecular Jacques Monod responde: "As proteínas são demônios de Maxwell".

O que são demônios de Maxwell? James Clerk Maxwell, um dos ícones da física, imortalizou-se por formular as equações que regem os fenômenos eletromagnéticos, mas também deu contribuições notáveis à teoria dos gases. Como já mencionado no Capítulo 2, um gás, como o ar da sala em que você está lendo, é formado por um número astronômico de moléculas movimentando-se em todas as direções, com velocidades médias de centenas de metros por segundo. Isso implica que são desviadas de seu trajeto constantemente por colisões umas com as outras, tendo um *livre percurso médio* muitíssimo pequeno.

As colisões das moléculas com as paredes (que as rebatem da mesma maneira que o impacto sobre uma mesa rebate uma bola de pingue-pongue) explicam a *pressão* exercida pelo gás, da mesma forma que um jato de areia exerce pressão sobre uma parede. A *temperatura* do gás está associada à *energia cinética média* das moléculas. Assim, quando bombeamos um pneu de bicicleta, o aumento de pressão eleva a velocidade média das moléculas de ar, *aquecendo* o pneu.

Maxwell calculou a *distribuição estatística de velocidades* das moléculas de um gás a uma dada temperatura. Para lidar com um número tão grande de

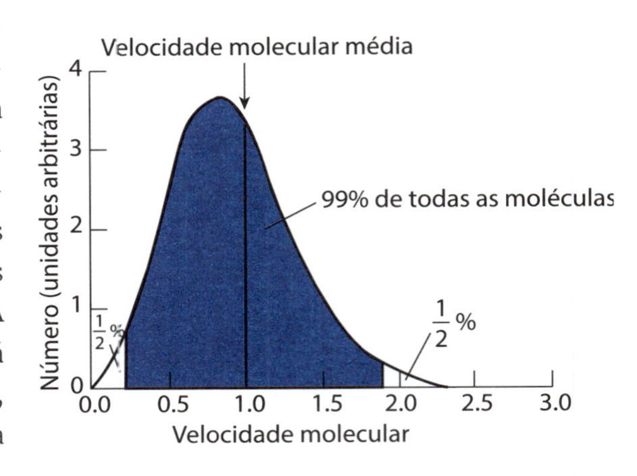

Figura 8.1 A distribuição de Maxwell das velocidades moleculares num gás clássico rarefeito em equilíbrio térmico foi obtida em 1860 por James Clerk Maxwell.

partículas, são usados métodos estatísticos. Podemos fazer uma analogia com a distribuição da expectativa de vida em função da idade dos habitantes de um país usada pelas companhias de seguros. A *distribuição de Maxwell* está representada na Figura 8.1, em que a unidade na escala é a velocidade média.

Vemos que 99% das moléculas têm velocidades médias compreendidas entre ~0,2 e ~1,9 vez a velocidade média delas no gás. Assim mesmo, um total da ordem de 0,5% tem velocidade mais elevada, formando o que chamaremos de *cauda* da distribuição.

Podemos, de certa forma, visualizar uma versão ampliada do movimento caótico de uma molécula observando o movimento de uma espécie de "molécula gigante" em suspensão num líquido, que se chama *movimento browniano.*

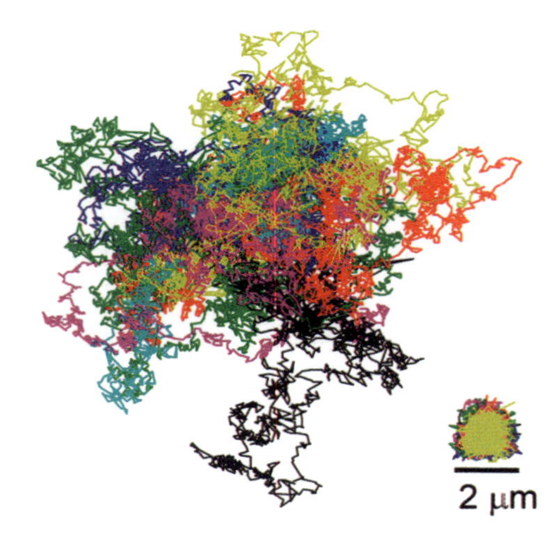

Figura 8.2 Movimento browniano ilustrado por treze vírus suspensos em água. O movimento browniano foi observado num microscópio em 1827, com grãos de pólen em suspensão na água, pelo botânico James Brown. Ele pensou inicialmente que estava vendo manifestações de vida, que se tratava das "moléculas elementares dos corpos orgânicos". Depois de observações com grãos de poeira, mudou de ideia, mas a primeira ideia era correta: **a vida, tal como a conhecemos, não poderia existir sem o movimento browniano!**

O movimento browniano foi descoberto em 1827 pelo botânico escocês Robert Brown, ao observar num microscópio partículas de pólen em suspensão na água, agitando-se de forma extremamente irregular. A princípio pensou que se tratasse de seres vivos, mas depois observou o mesmo tipo de movimento com partículas inorgânicas. A Figura 8.2 mostra as trajetórias brownianas na água dos pontos centrais de treze vírus do mosaico de tabaco (TMV), também inertes (um deles está representado em escala no canto inferior direito).

O tamanho de um vírus é da ordem de cem vezes o das moléculas de água, comparável a Gulliver em Lilliput. Cada um deles está sendo constantemente bombardeado pela agitação térmica das moléculas de água. É como se uma bola de futebol estivesse sendo chutada ao mesmo tempo por vários jogadores, em direções diferentes, sendo lançada ao acaso pela resultante dos chutes (apelidado "passeio do bêbado"). Na figura, se cada segmento aparentemente retilíneo de trajetória fosse ampliado cem vezes, teria um aspecto tão emaranhado como o da figura completa, cuja resolução é insuficiente para percebermos isso.

A teoria do movimento browniano foi estabelecida num dos célebres trabalhos de Einstein, intitulado "Uma nova determinação das dimensões moleculares", publicado em 1905, cujo objetivo era demonstrar a realidade das moléculas, naquela época ainda contestada por alguns cientistas importantes.

Talvez você ache que estou me afastando muito da explicação das MMM. Paciência! Você verá que o movimento browniano tem tudo a ver com elas. Vamos voltar a Maxwell e seus demônios. Trata-se de um experimento imaginário com um recipiente fechado contendo ar, que ele descreveu num tratado sobre calor, em 1871:

> Suponhamos agora que o recipiente seja dividido em duas partes, A e B, por uma partição na qual há um buraquinho, e que um ser capaz de enxergar cada molécula abre e fecha um alçapão de forma a deixar apenas as moléculas mais rápidas passarem de A para B, e apenas as mais lentas de B para A. Ele terá conseguido assim, sem realizar trabalho, elevar a temperatura de B e baixar a de A, contradizendo a segunda lei da termodinâmica.

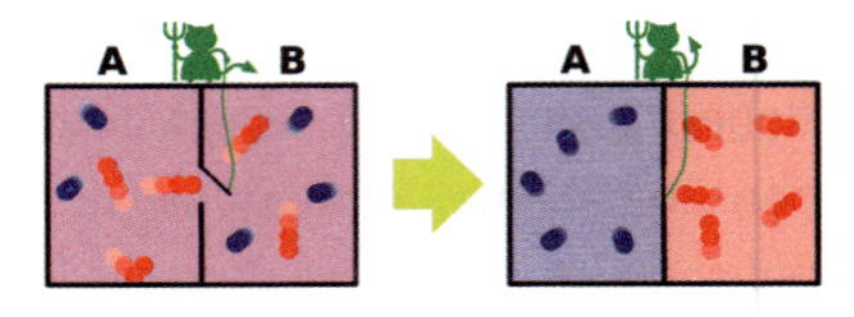

Figura 8.3 O demônio de Maxwell foi um experimento mental imaginado por James Clerk Maxwell para enfatizar que a segunda lei da termodinâmica tem um caráter estatístico, válido para sistemas macroscópicos. Levou a muitas discussões até ser esclarecido teoricamente em 1960 por Rolf Landauer.

A Figura 8.3, em que as moléculas mais rápidas são as vermelhas e as mais lentas as azuis, esquematiza o aparente paradoxo formulado por Maxwell. O "ser" imaginário acabou sendo chamado de "demônio", e muitos físicos ilustres, nas décadas seguintes, procuraram exorcizá-lo. Um deles, o húngaro Leo Szilard (que convenceu Einstein a alertar Roosevelt sobre o perigo de que a Alemanha nazista desenvolvesse uma bomba atômica), imaginou um recipiente contendo uma só molécula, onde a informação crucial obtida pelo demônio seria saber se ela se encontra do lado esquerdo ou direito. Ele propôs que a detecção dessa informação aumentaria a entropia, salvando a 2ª lei.

Se vocês curtem informática, caros leitores, poderá ter-lhes ocorrido que o demônio de Szilard precisa capturar exatamente *1 bit de informação* (direita ou esquerda?). Quem exorcizou o demônio foi o físico Rolf Landauer: o aumento de entropia ocorre não para armazenar a informação, mas para *apagá-la* da memória do demônio, conforme é necessário para que possa capturar as informações seguintes.

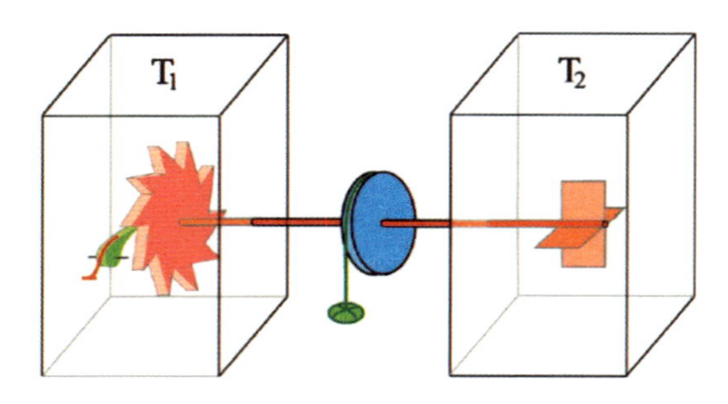

Figura 8.4 A catraca térmica de Feynman é a popularização que o físico fez de um modelo proposto por Smoluchowski em 1912, de um demônio de Maxwell automático. É utilizado por Feynman para ilustrar a segunda lei da termodinâmica.

Nesta era de terceirização e automação, em lugar de contratar um demônio para extrair trabalho a partir da agitação térmica, não seria melhor automatizá-lo? É o objetivo da *catraca térmica*, proposta pelo físico Richard Feynman em suas *Lições de Física* para explicar a segunda lei da termodinâmica. A ideia está representada na Figura 8.4.

Os dois recipientes contêm ar, nas temperaturas T_1 e T_2. No da esquerda há uma catraca, roda dentada acoplada a um retentor (como aquela que controla o acesso de passageiros nos ônibus). Está acoplada por um eixo a uma ventoinha situada no recipiente direito. A ideia é que a agitação térmica do ar, pelo impacto das moléculas sobre a ventoinha, acabe por fazê-la girar no único sentido permitido pela catraca. A polia, em azul no eixo, pode então suspender um peso, nem que seja somente uma pulga, aparentemente realizando trabalho à custa da energia térmica, mesmo que seja $T_1 = T_2$. Lá se vai a segunda lei?

Espere aí! Para que a catraca funcione, ela precisa de um retentor (em verde na figura), engatado a um dente, seguro por uma mola, para impedir que gire no sentido errado. O que é preciso levar em conta é que a agitação térmica também produz impactos das moléculas do ar no recipiente *da esquerda* sobre o conjunto mola-retentor. De vez em quando, isso o afasta do engate e permite que a catraca gire no sentido errado! Em seu livro, Feynman mostra que,[1] para $T_1 = T_2$, esses dois efeitos se compensam exatamente: tudo que ocorre são flutuações, fazendo a catraca oscilar em ambos os sentidos. Em média, não levam à realização de trabalho.

Mas o que acontece se formos gradualmente aumentando o peso suspenso na polia, procurando forçá-la a girar? Depende do lado em que o peso estiver suspenso! Se estiver suspenso do lado oposto ao mostrado na Figura 8.4, forçando a catraca a girar no sentido errado, a velocidade de rotação tende a um valor-limite. Mas, se estiver do lado da Figura 8.4, favorecido pela catraca, pelo contrário, ela tenderá a crescer mais e mais. Essa *assimetria* significa que a catraca funciona como um *retificador*, da mesma forma que um diodo retifica corrente alternada.

O mesmo raciocínio se aplica ao efeito das colisões das moléculas de ar com a ventoinha. As moléculas cada vez mais rápidas, na cauda da distribuição de Maxwell, são as mais eficazes. Uma catraca térmica é um *retificador das flutuações brownianas*. Isso se aplica às proteínas motoras e justifica por que Monod tinha razão ao chamá-las de *demônios de Maxwell*.

1 Em http://livro.link/14456, você poderá assistir à exposição desse raciocínio em uma aula ministrada pelo próprio Feynman.

O peso suspenso é uma força externa, que corresponderia, nesta analogia, ao papel da hidrólise do ATP, fornecendo energia para o motor. No exemplo da cinesina caminhando sobre o microtúbulo, poderíamos comparar o espaçamento *periódico* entre os dímeros aos dentes da catraca. A assimetria associada à retificação das flutuações brownianas explica o caráter *unidirecional* do movimento.

Embora o modelo da catraca de Feynman seja descrito de forma macroscópica, sua aplicação à escala celular se justifica, porque é nessa escala que o efeito das flutuações brownianas é mais forte. Isso decorre da relação entre o tamanho das células e o tamanho das moléculas de água, conforme ilustrado na Figura 8.2, que mostra o movimento browniano de vírus na água.

9. Como uma só molécula mexe com a célula

Como sabemos que a cinesina caminha sobre um microtúbulo da forma descrita no Capítulo 7? Por incrível que pareça, podemos *acompanhar* essa caminhada passo a passo, graças à *pinça ótica*, instrumento inventado em 1970 pelo físico Arthur Ashkin (Figura 9.1).

Figura 9.1 Arthur Ashkin, Nobel de Física em 2018 pela invenção da pinça ótica.

Se você é um(a) aficionado(a) de *Jornada nas Estrelas* (*Star Trek*), deve se empolgar quando os tripulantes empregam o feixe trator, *tractor beam* (Figura 9.2) para capturar uma nave inimiga. A pinça ótica é uma espécie de feixe de luz trator, mas na escala microscópica!

Johannes Kepler foi o primeiro a conjecturar que a luz pode exercer força sobre uma partícula. Em 1619, procurou explicar por que as caudas dos cometas parecem ser repelidas pelo Sol, imaginando que a luz solar exerce uma pressão sobre elas. Essa *pressão de radiação*, num modelo corpuscular da luz, é o análogo da pressão exercida por um jato de areia mencionada no capítulo anterior: os corpúsculos de luz correspondem aos grãos de areia.

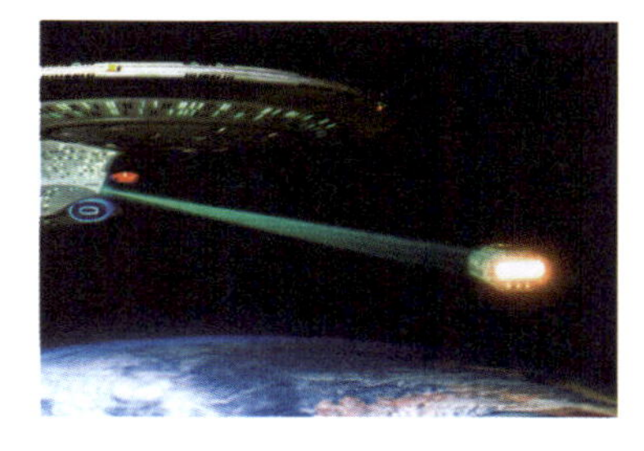

Figura 9.2 Feixe trator (*Star Trek*).

Mas um feixe de luz também pode *atrair* uma partícula quando é fortemente focalizado. O efeito responsável por isso é o mesmo pelo qual pedacinhos de papel são atraídos para as pontas de um pente esfregado em nosso cabelo (de preferência num dia seco!). O pente fica eletrizado pelo atrito, e a intensidade da força elétrica cresce muito na vizinhança de uma ponta.

O que importa, como na quimiosmose, é o *gradiente* da força elétrica. Na luz, a *força de gradiente* é máxima perto do foco. O melhor foco se obtém com um feixe de luz *laser*, que na pinça ótica é focalizado pela lente objetiva de um microscópio. Assisti a uma palestra de Arthur Ashkin em que ele mostrava num vídeo uma colônia de bactérias na água capturadas no foco de uma pinça ótica, visivelmente se contorcendo, fazendo esforços inúteis para escapar. Quando o *laser* era desligado, elas fugiam, nadando rapidamente para todos os lados.

Fiquei fascinado pelas potencialidades desse instrumento, que revolucionou a biologia celular, permitindo manipular células vivas sem danificá-las. Foi o que me levou a montar na Universidade Federal do Rio de Janeiro um Laboratório de Pinças Óticas. Vamos ver adiante muitas das aplicações de pinças óticas.

Quando aplicamos uma pinça ótica para medir com precisão forças e deslocamentos na escala celular, empregamos como sonda uma microesfera transparente (de vidro ou plástico) capturada na pinça e grudada no objeto que exerce a força, ou sobre o qual queremos exercê-la. Na Figura 9.3, o objeto é representado pela barra cinzenta à direita e o feixe de *laser* aparece em vermelho. Para pequenos deslocamentos x a partir do foco, a pinça se comporta como uma mola, e basta *calibrá-la*, obtendo a constante de força da mola, para calcular a força medindo o deslocamento x, como um feirante mede um peso numa balança de mola pelo deslocamento do cursor.

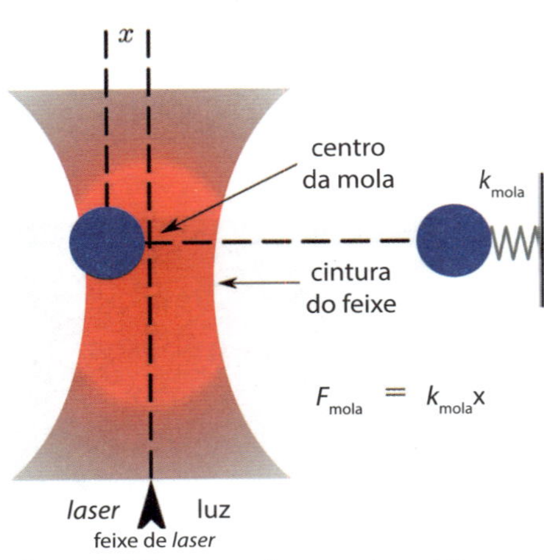

Figura 9.3 Esquema de uma pinça ótica.

As forças típicas exercidas por proteínas motoras são da ordem de *piconewtons*. 1 newton (N) equivale aproximadamente ao peso de uma maçã, e 1 piconewton (pN) é um milésimo de bilionésimo de 1 N, algo como um centésimo de milionésimo do peso de um grão de areia! Os deslocamentos típicos, como vimos para a cinesina, são da ordem de nanômetros (nm).

Como são medidos deslocamentos e forças de uma única molécula de cinesina caminhando sobre um microtúbulo? No microscópio onde a pinça é montada, microtúbulos extraídos de células são fixados sobre uma lamínula de vidro, dentro de uma pequena câmara de observação com água, contendo ATP em solução. Microesferas de poliestireno, incubadas com quantidades muito pequenas de cinesina (permitindo que algumas moléculas se liguem à superfície delas), são introduzidas na câmara.

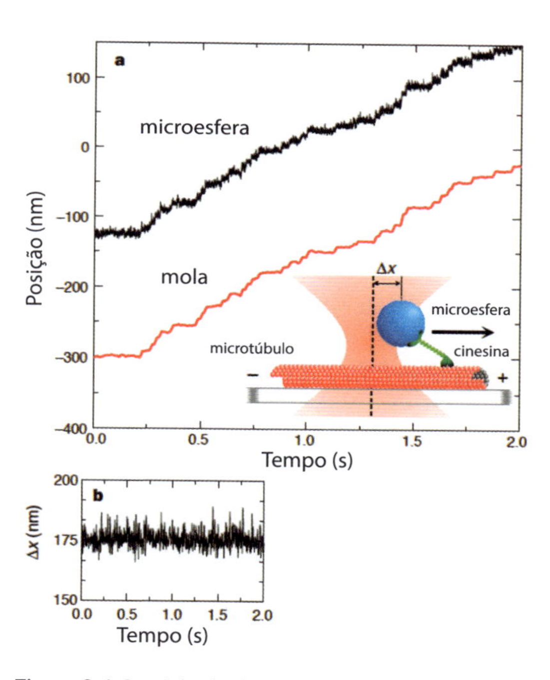

Figura 9.4 Caminhada de cinesina sobre microtúbulo.

Uma microesfera com cinesina é capturada pela pinça e colocada em contato com um microtúbulo (Figura 9.4). Ela começa a caminhar sobre ele e seus deslocamentos são registrados. A figura **a** mostra os deslocamentos (degraus) de 8 nm, iguais ao espaçamento entre os dímeros de tubulina. Ao mesmo tempo, na ampliação em **b**, veem-se as flutuações brownianas. Na segunda imagem da Figura 7.2 (Capítulo 7), em que uma das cabeças da cinesina procura o sítio de ligação seguinte, flutuações brownianas podem contribuir para empurrá-la ao encontro desse sítio (efeito catraca).

10. Como o marinheiro Popeye mostra seu muque

A contração muscular, demonstrada na Figura 10.1 pelo marinheiro Popeye, é o resultado de outra MMM, a proteína motora *miosina*, dando beliscões em filamentos de actina. Há vários tipos de músculo, inclusive o músculo cardíaco, mas vou focalizar o músculo esquelético, ancorado aos ossos que ele controla.

Figura 10.1 O marinheiro Popeye.

O músculo esquelético tem uma estrutura estriada extremamente regular, lembrando um cristal. Ele é formado de fibras longas, da ordem de 10 cm, as *miofibrilas* (Figura 10.2), resultantes da fusão de centenas de células. Essa estrutura foi desvendada pelo físico inglês Hugh Huxley, parceiro de Francis Crick, e pelo biofísico Andrew Huxley, que não era parente de Hugh, mas sim do escritor Aldous Huxley, e ganhou o Prêmio Nobel de Fisiologia ou Medicina pela descoberta do mecanismo de transmissão dos sinais nervosos.

A miofibrila é formada por dois tipos de filamentos intercalados: os finos, de actina, chamados de *microfilamentos*, e os espessos, formados pela proteína motora *miosina*. As conexões entre os dois tipos são estabelecidas por *pontes* de miosina. Na Figura 10.2 aparece uma das unidades que formam a miofibrila, um *sarcômero*.

O mecanismo da contração descrito pelos Huxley é chamado de *modelo de deslizamento dos filamentos*. Nesse modelo, os filamentos espessos de

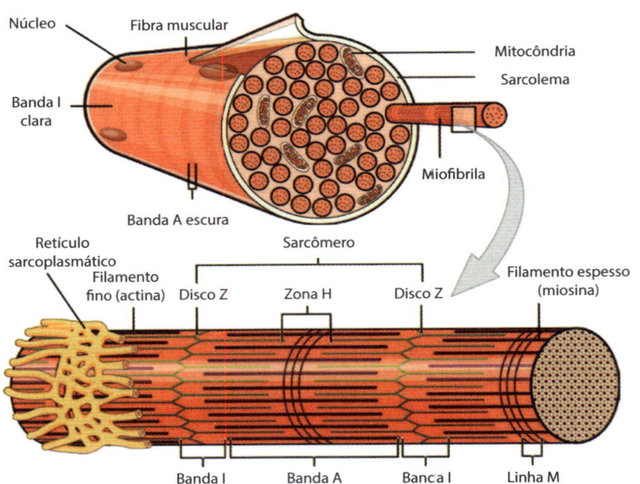

Figura 10.2 Estrutura de uma fibra muscular e de uma *miofibrila*, revelando o seu aspecto estriado. Um *sarcômero* é o segmento entre dois *discos* Z. Uma *banda* I é a região onde não há filamentos espessos (de miosina) superpostos aos filamentos finos (de actina). Veem-se os núcleos das células e as mitocôndrias.

miosina permanecem imóveis, mas o ciclo de hidrólise do ATP provoca ligações das cabeças das miosinas com os microfilamentos e beliscões sobre eles, puxando-os como elásticos para o centro do sarcômero. Esse deslizamento é responsável pela contração do músculo (Figura 10.3). Os movimentos das miosinas são coordenados, como os de remadores numa galera romana. As miosinas, como as cinesinas, têm duas cabeças, mas têm talos em hélices, que se enrolam uns nos outros (Figura 10.3), formando os filamentos espessos. Abaixo na Figura 10.3(b), aparecem imagens por microscopia eletrônica dos filamentos relaxados e contraídos.

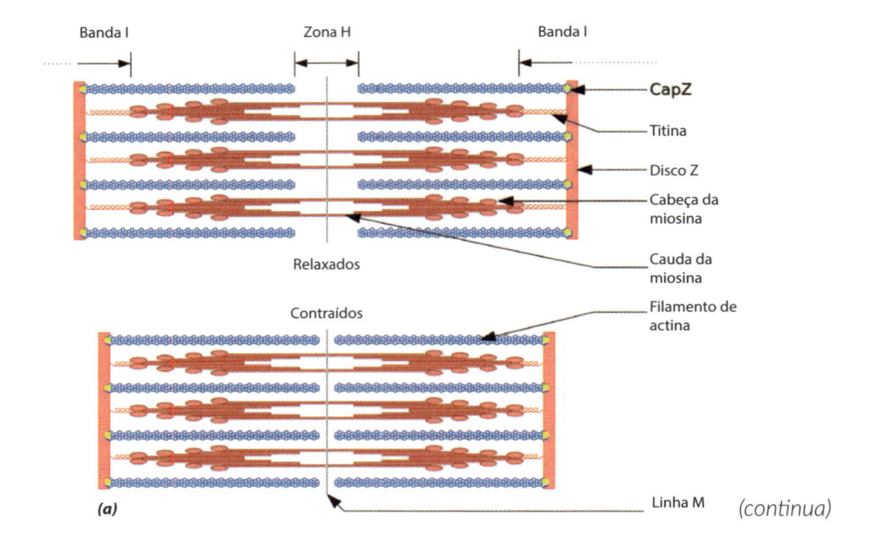

(continua)

(continuação)

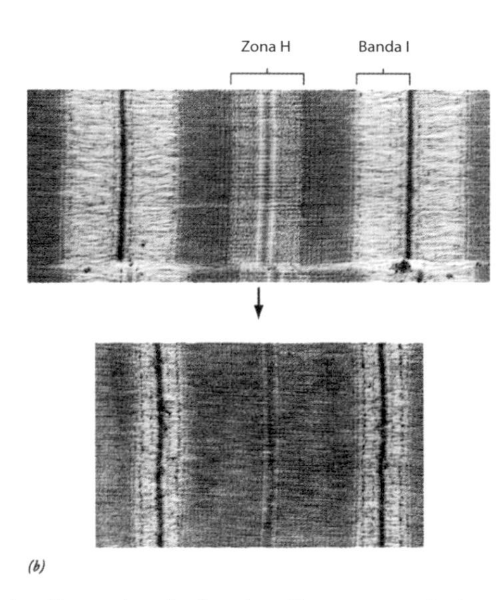

Figura 10.3 Modelo dos filamentos deslizantes. Compare a estrutura do sarcômero nos estados relaxado e contraído. Na passagem de um estado para o outro, as pontes de miosina entram em contato com os filamentos de actina, puxando-os para o centro do sarcômero. Note nas imagens por microscopia eletrônica que a *zona* H desaparece no estado contraído.

Você pode (recomendo!) visualizar melhor todo esse mecanismo, inclusive como ele é desencadeado pela sinalização do sistema nervoso, numa animação do YouTube.[1]

A sequência ilustrando como as etapas do processo estão acopladas à hidrólise do ATP está esquematizada na Figura 10.4.

Começando do topo, no estado de rigor (equilíbrio), com a cabeça ligada à actina, a captura de ATP em (1) solta-a, e a hidrólise em (2) converte-a em ADP + P_i, provocando a inclinação da cabeça e (3) ligando-a fracamente a outro sítio. A liberação de P_i liga-a fortemente ao sítio e provoca (5) o forte puxão para o centro. A liberação (6) do ADP recoloca a cabeça no equilíbrio inicial.

1 Veja a animação no site <http://animations.liquidjigsaw.com/index.php/2017/07/25/sliding-filament-theory/>.

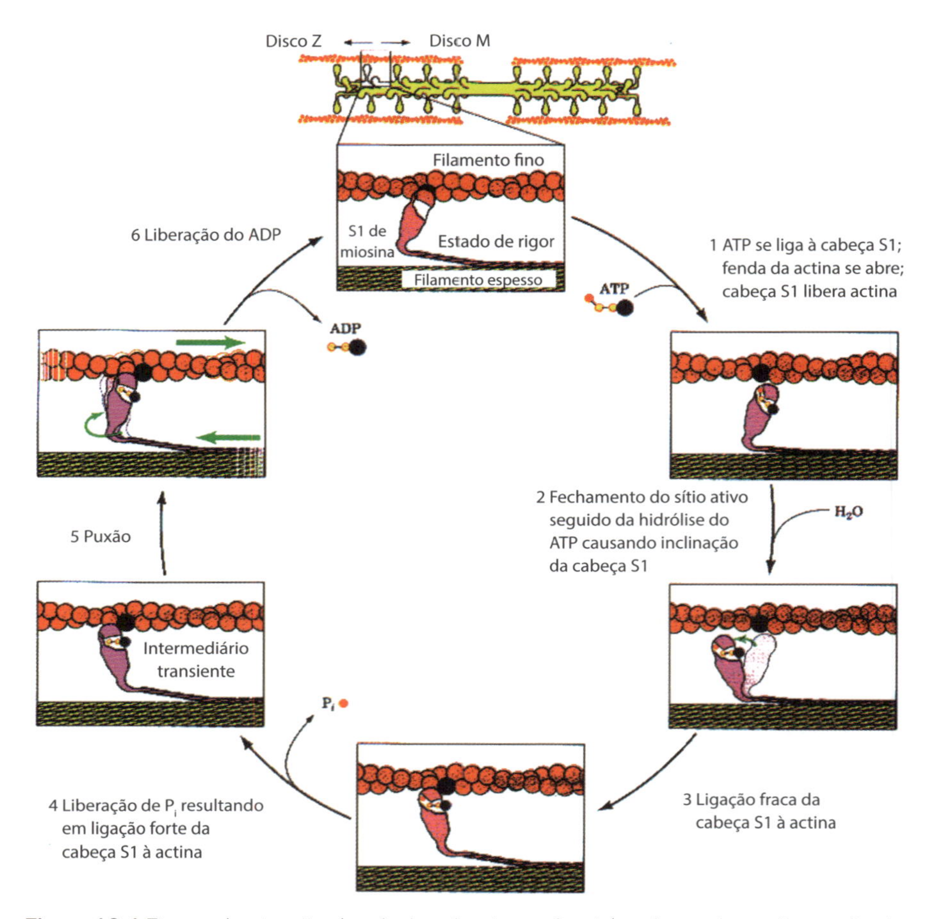

Figura 10.4 Etapas da atuação da miosina. As etapas 2 a 4 (mudança de conformação da cabeça da miosina, seguida de ligação ao filamento de actina) são um exemplo de *transição alostérica* (veja o Capítulo 12). A *etapa de potência* (5,6) é o puxão.

A medição de deslocamentos e forças na pinça ótica requer um arranjo diferente do arranjo da cinesina. Com efeito, enquanto a cinesina caminha cem ou mais passos antes de se soltar do trilho, a miosina passa a maior parte do tempo afastada da actina, ligando-se a ela só para dar o breve puxão.

A solução encontrada foi prender a molécula de miosina ao fundo da câmara de observação e ir baixando um filamento de actina sobre ela (Figura 10.5).

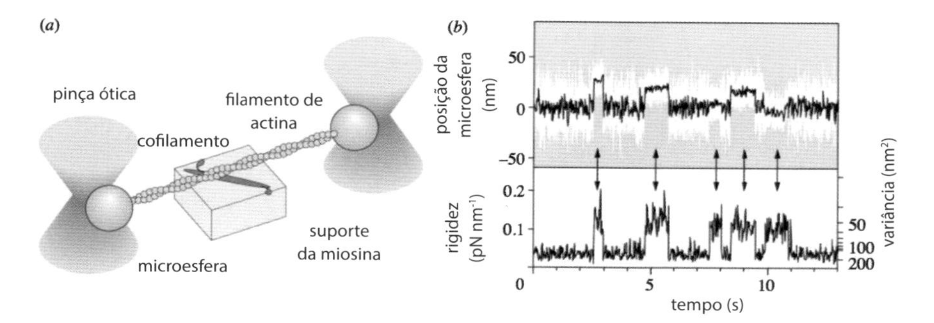

Figura 10.5 Detecção dos deslocamentos por pinças óticas. O processo de atuação da actomiosina é uma boa ilustração do modelo da catraca browniana. A periodicidade dos sítios de ligação ao filamento de actina corresponde aos dentes da catraca. As flutuações brownianas, bem visíveis na figura, auxiliam o processo de difusão da cabeça da miosina até encontrar o sítio de ligação seguinte.

Para isso, utiliza-se uma *pinça dupla*, cujos dois feixes podem ser obtidos por divisão do feixe inicial. Cada feixe captura uma microesfera, e o filamento de actina, preso entre as duas, é baixado gradualmente (Figura 10.5(a)) até encostar na miosina. O gráfico ao lado mostra os deslocamentos das microesferas, que não são muito maiores do que as flutuações brownianas. As flutuações ajudam as cabeças a encontrar o sítio de ligação seguinte (efeito catraca browniana). A Figura 10.5(b) mostra as etapas da cabeça da miosina solta, dando o puxão e voltando a prender-se à actina.

11. O motor da vida

O nome completo do motor da vida é "F_0F_1–ATP sintase", mas vou abreviá-lo para *ATPase*. O sufixo "ase", indicando que é uma enzima, se justifica porque ele catalisa a hidrólise do ATP. Paul Boyer, Nobel de 1997 (com John Walker) pela descoberta do maravilhoso mecanismo rotatório da catálise, escreveu: "Todas as enzimas são belas, mas a ATP sintase é uma das mais belas, mais fora do comum e importantes".

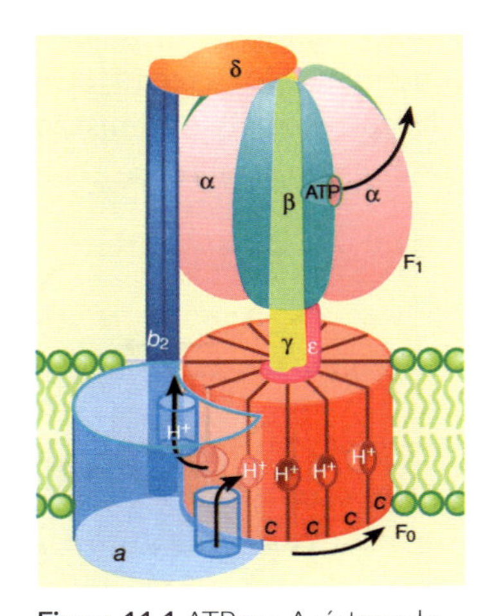

Figura 11.1 ATPase. A síntese do ATP é a principal e mais importante reação química que ocorre na biosfera. Com efeito, o ATP é a fonte de energia utilizada por todos os seres vivos em todos os processos celulares. A quantidade de ATP que consumimos por dia é da ordem da nossa massa corporal!

Na Figura 5.1 já aparece uma representação esquemática da ATPase. Numa palestra em 1959, considerada como inspiradora da nanotecnologia, Richard Feynman ofereceu um prêmio de mil dólares para quem construísse um motor com todas as dimensões inferiores a 0,4 mm. Menos de um ano depois, isso foi realizado por um engenheiro elétrico. Feynman não conhecia a ATPase, cuja maior dimensão, 20 nm, é mais de dez mil vezes menor, e que funciona incomparavelmente melhor do que qualquer motor de fabricação humana.

Conforme ilustrado na Figura 11.1, a ATPase consiste de dois motores acoplados,

F_0 e F_1. A parte catalítica F_1 lembra uma flor com seis pétalas, três unidades α e três β. O motor F_0 funciona como uma turbina, formada por cerca de uma dezena de setores, que faz girar F_1 através do eixo γ. A rotação abre as "pétalas" β, expondo cavidades catalíticas onde se alojam sucessivamente ADP e P_i para formar ATP.

A ATPase está embutida na membrana, formada por uma dupla camada oleosa de fosfolipídios (as moléculas em verde na Figura 11.1), com F_1 imersa no citoplasma e F_0 na região externa. O compartimento *a* está acoplado a F_0 e ao canal b_2. Por ele passam íons H^+ de hidrogênio (prótons), depositando um íon sobre um dos setores (seta) quando o íon que o ocupava atravessa o canal, migrando do exterior para o citoplasma. O motor é *reversível*: girando num sentido, catalisa a hidrólise do ATP; girando em sentido oposto, restabelece o gradiente de íons utilizado na quimiosmose e na alimentação do motor.

O ciclo da catálise rotatória está ilustrado à esquerda na Figura 11.2 e comparado à direita com o ciclo do motor rotatório inventado por Wankel e utilizado nos carros da Mazda (cuja eficiência é muitíssimo menor!). Das três cavidades catalíticas nas unidades β, uma delas está recebendo ADP e P_i, outra contém ATP e a terceira, de onde o ATP acaba de sair, está vazia. A entrada do ATP corresponde à admissão do combustível, a sua ligação com a cavidade à compressão, a hidrólise à combustão e a saída do ADP e P_i à exaustão.[1]

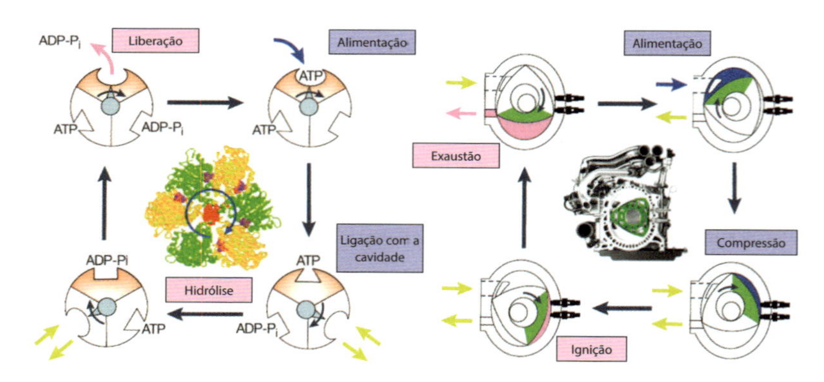

Figura 11.2 Catálise rotatória e o motor Wankel. É curiosa a analogia entre a ATPase e o motor Wankel, o único motor rotatório até hoje empregado em automóveis, competindo com os motores convencionais de cilindro e pistão. A Mazda deixou de utilizá-lo em seus carros em 2012.

1 Não deixe de ver uma belíssima animação de todo esse processo em http://livro.link/144520.

Um experimento que permite visualizar a rotação de F_1 na presença de ATP foi realizado no Instituto de Tecnologia de Tóquio pela equipe de Masasuke Yoshida. Com F_1 fixado à lamínula do microscópio, foi colado na extremidade do eixo de rotação γ (Figura 11.3) um fragmento de actina de alguns milímetros contendo um marcador fluorescente, funcionando como uma hélice. Você pode observar o resultado no vídeo *ATP synthase live.*[2]

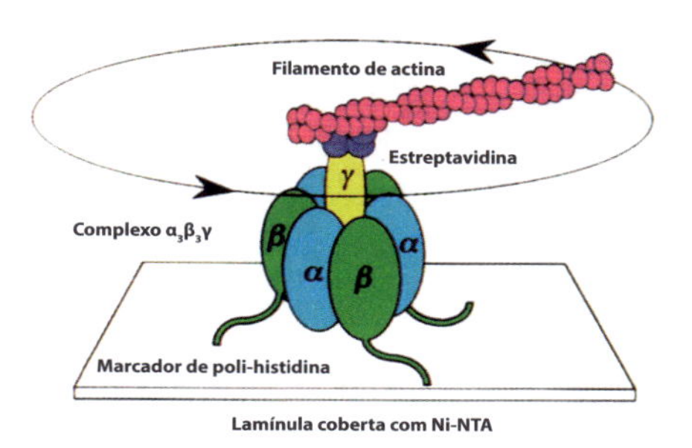

Figura 11.3 Experimento de Yoshida. Não deixe de observar o motor da vida funcionando, no site citado!

Prestando bastante atenção, você poderá perceber o efeito das flutuações: às vezes a rotação se inverte!

O experimento confirmou que a rotação se dá por passos de 120°. Para concentrações elevadas de ATP, a velocidade de rotação de F_1 é de ~100 rotações por segundo. Para concentrações da ordem da que existe nas células, a eficiência do motor é de praticamente 100%! Como comparação, os motores *diesel* de automóveis mais eficientes atingem no máximo ~40%.

A força eletromotriz típica produzida pela ATPase através da membrana de uma mitocôndria é da ordem de 150 mV (milivolts). Pode parecer pouco, mas a espessura da membrana é de ~5 nm, de forma que o campo elétrico correspondente é de 30 milhões de volts por metro!

Muitas vezes se compara a vida à chama de uma vela, ou se usa a expressão "uma centelha de vida". Esse valor não corresponde a uma centelha, e sim à descarga elétrica de um relâmpago na atmosfera! Como diz o Riobaldo de *Grande Sertão: Veredas*, "Viver é muito perigoso"!

Existe apenas uma outra MMM giratória além de F_0F_1. É o *motor dos flagelos bacterianos*, por exemplo o da *E. Coli* (Figura 3.2). Como a ATPase, ele atravessa membranas, no caso a dupla membrana bacteriana, e é acionado por um fluxo de prótons (quimiosmose). Um modelo de sua estrutura está na Figura 11.4, em que a imagem B é obtida por microscopia eletrônica.

2 Assista ao vídeo em http://livro.link/14457.

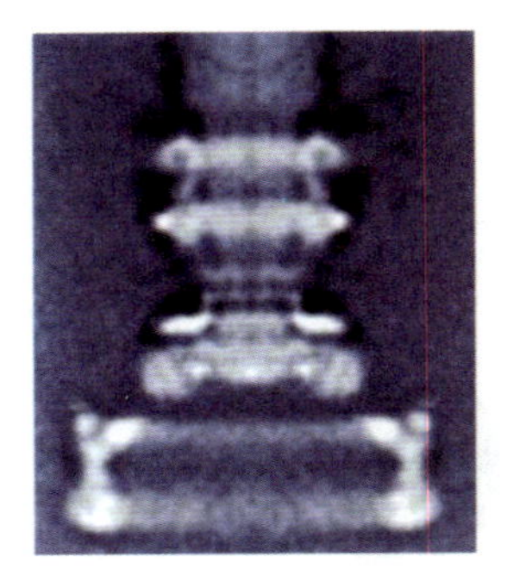

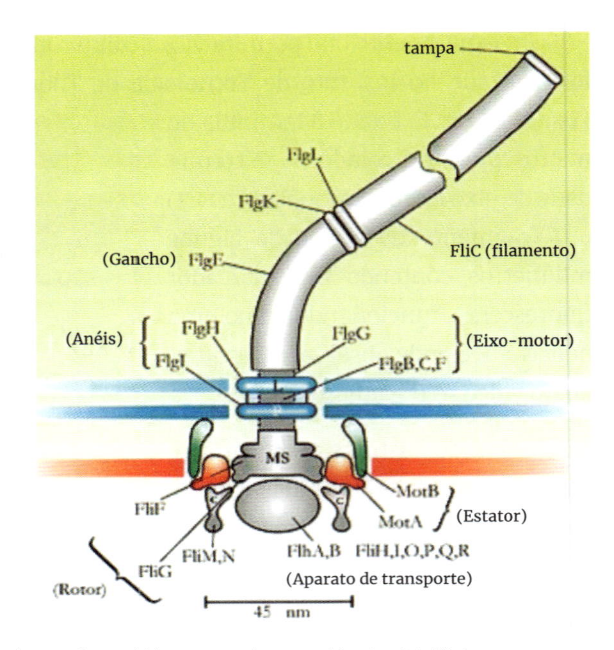

Figura 11.4 O motor do flagelo bacteriano. Há apenas duas moléculas biológicas que utilizam movimentos de rotação: o motor da vida e este, que permite o deslocamento de bactérias em fluidos como a água. É interessante que ambos empregam a "força próton-motriz" de feixes de prótons.

Como um motor elétrico, ele contém um estator e um rotor acoplado ao flagelo, do lado externo da bactéria, por uma junta universal. Pode girar a até mil rotações por minuto! O motor é reversível: girando num sentido, enfeixa os flagelos para a natação da bactéria através do fluido, agrupando-os para atuar como uma hélice; girando em sentido oposto, faz a bactéria parar, tombando-a, para mudar de direção. Um vídeo fascinante mostrando como ele funciona se chama *Bacterial Flagellum – A Sheer Wonder Of Intelligent Design.*[3]

3 Veja o vídeo em http://livro.link/14458.

12. O segundo segredo da vida

O corpo humano contém dezenas de trilhões de células, *todas elas com o mesmo DNA*. Apesar disso, estão diferenciadas em cerca de duzentos tipos de células: da pele, do fígado, dos rins etc. E cada célula, em qualquer momento, está reagindo a uma enorme quantidade de estímulos diferentes, do organismo e do ambiente. Quem faz isso tudo funcionar, e como?

O DNA pode ser comparado ao acervo de roteiros cinematográficos de um grande estúdio, contendo cenas e cenários diversos para uma gigantesca variedade de ocasiões. Os atores são as proteínas, convocados para representar em cada cena. Mas quem comanda a ação é o diretor do filme. Se você prefere uma analogia musical, o DNA é como o acervo de partituras de todos os compositores, e as proteínas são os membros da orquestra. Mas quem é o maestro?

Depois da estrutura do DNA, faltava descobrir quem comanda, e como, a utilização dele no filme (metabolismo) da vida. Cada gene está associado a uma proteína. A *expressão* do gene é o mecanismo de sua transcrição, leitura e tradução em proteína. Faltava descobrir o diretor (maestro): quem *regula a expressão dos genes*, e como isso se realiza.

A dupla Jacques Monod e François Jacob (Figura 12.1) é, injustamente, bem menos conhecida do que a dupla Francis Crick e James Watson, embora a principal descoberta deles, a *regulação da expressão gênica*, seja no mínimo igualmente importante, senão até mais importante, do que a da dupla hélice do DNA.

Monod teve uma vida especialmente aventurosa. Aos 30 anos, ainda era estudante de pós-graduação na Sorbonne, quando a França foi ocupada pelos nazistas. Entrou para a resistência e tornou-se um dos comandantes da batalha pela liberação de Paris. Procurado pela Gestapo, escondeu-se no Instituto Pasteur, onde alternava o trabalho com a organização de operações de sabotagem. No clássico filme de René Clément, *Paris está em chamas?*, Monod, representado por Charles Boyer, tem um papel destacado na libertação de Paris.

Figura 12.1 Os bioquímicos franceses Jacques Monod e François Jacob trabalhando em seu laboratório no Instituto Pasteur em Paris, em 24 de fevereiro de 1971. Em 1965, eles receberam o Prêmio Nobel de Medicina pelo seu trabalho sobre mecanismos bioquímicos de transmissão de informação genética.

Jacques Monod e Francis Crick podem ser considerados os dois maiores biólogos celulares do século XX. Monod foi um dos heróis da resistência francesa durante a Segunda Guerra Mundial. Foi condecorado por De Gaulle. Jacob também participou em Londres das Forças Francesas Livres, comandadas por De Gaulle.

Por sugestão de André Lwoff, Monod escolheu como tema de sua tese o crescimento de bactérias. A *E. coli* se alimenta normalmente de glicose e, na presença dela, divide-se em duas a cada meia hora, com crescimento exponencial.

Na ausência de glicose, pode alimentar-se de outro tipo de açúcar, *galactose*. Monod preparou uma cultura contendo os dois tipos de açúcar, e o resultado foi uma curva de crescimento peculiar: duas fases de crescimento rápido separadas por uma pequena pausa.

A interpretação de Monod foi que a primeira fase corresponde ao nutriente preferido, a glicose, e a segunda, após o esgotamento da glicose, à galactose. A pausa representa o tempo necessário à *adaptação*, promovendo a expressão das novas proteínas (enzimas) requeridas para a digestão da galactose. O que estava sendo observado era como a bactéria *regula a expressão dos genes* que produzem as proteínas necessárias para adaptar-se a cada tipo de nutriente.

Monod obteve seu doutorado, embora um membro do comitê examinador tenha declarado: "O que Monod está fazendo não interessa à Sorbonne". Com a chegada de François Jacob, mais treinado em genética, o par realizou novos experimentos, procurando identificar o mecanismo da regulação.

A ideia mais simples teria sido a de que a galactose funcionasse como a chave liga/desliga que usamos para controlar a luz elétrica, seguindo o modelo do encaixe de uma chave numa fechadura. O que os experimentos revelaram, porém, é um mecanismo bem mais econômico. Normalmente, o gene contém um *repressor* que *inibe* a sua expressão, e a galactose *remove o repressor*, liberando a expressão. Uma dupla negação equivale a uma afirmação!

A animação *Lac Operon*[1] ilustra esse mecanismo.

Um experimento fundamental posterior, em colaboração com um visitante americano, Arthur Pardee, revelou pela primeira vez a existência do *RNA mensageiro* (mRNA), já ilustrado na Figura 1.6. Ele resulta da transcrição do segmento do DNA que codifica o gene por uma MMM que discutiremos no próximo capítulo, a *RNA polimerase*. A etapa que faltava para a construção da proteína foi elucidada pouco tempo depois, com a descoberta de mais um tipo de RNA, o *RNA de transferência* (tRNA).

A existência do tRNA havia sido prevista por Francis Crick, como uma molécula *adaptadora*, com a função de mediar a associação de cada códon (tripleto no mRNA) ao aminoácido correspondente, completando assim a *tradução* da mensagem genética. Cada tRNA contém, além desse aminoácido, o *anticódon* correspondente, intercambiando A com U e C com G, o que lhe permite reconhecer e ligar-se ao códon pelo emparelhamento das bases.

O processo de construção das proteínas a partir de mRNA e tRNA é realizado em organelas celulares denominadas *ribossomos*, conforme veremos no Capítulo 14. As etapas do processo estão representadas na Figura 12.2, cujos detalhes serão discutidos mais adiante.

Refletindo sobre resultados dos estudos de mecanismos de regulação, Monod percebeu quão diferentes eram dos modelos clássicos de fechadura e

---

1 Disponível em http://livro.link/14459.

chave para o funcionamento de enzimas. Enzimas são proteínas grandes, o que tornaria difícil criar "fechaduras" adaptadas a cada uma. Ocorreu-lhe então que a regulação deveria ser comandada por outra molécula muito menor, cuja forma não tinha nenhuma relação com a da enzima. Ele chamou esse mecanismo de *controle alostérico*, nome que vem do grego para "outro objeto".

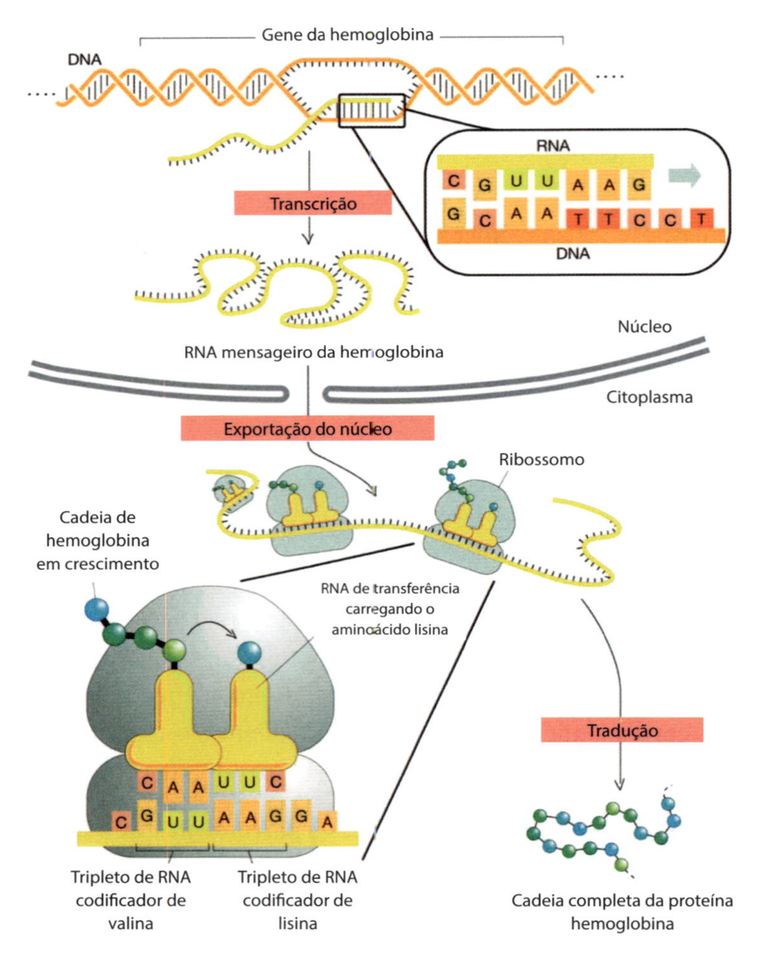

Figura 12.2 Etapas da construção da proteína hemoglobina. A *transcrição* de um gene do DNA, realizada no núcleo, constrói uma fita de *RNA mensageiro*, exportada para o citoplasma. Nele, encontra um *ribossomo*, onde é realizada a *tradução* e montagem da proteína.

Em sua conferência de recebimento do Prêmio Nobel, representou-o pela seguinte ilustração (Figura 12.3), mostrando uma mudança de conformação num dímero:

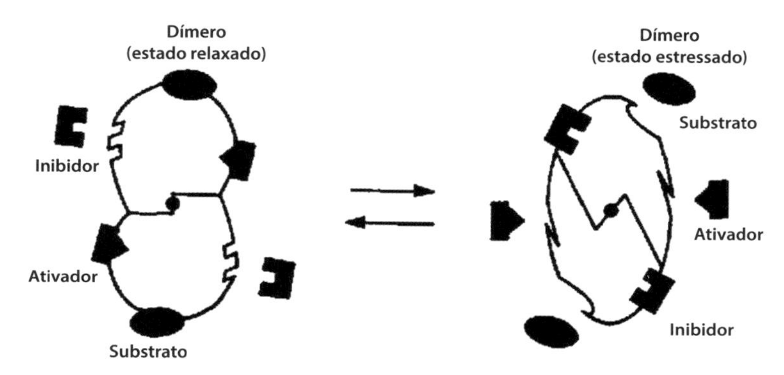

Figura 12.3 Controle alostérico. Uma mudança de conformação pequena num sítio provoca uma alteração grande num sítio distante.

Vê-se que a ligação ou remoção de uma molécula num sítio pode inibir ou favorecer a ligação de outra molécula, de formato bem diverso, num sítio distante, provocando a mudança de conformação.

Quando essa ideia lhe ocorreu, em 1961, Monod foi ao laboratório de sua colega Agnes Ullmann para lhe dizer: "Acho que descobri o segundo segredo da vida". Haviam decorrido oito anos desde que Crick anunciara num *pub* ter descoberto o segredo da vida. Ainda em 1961, Peter Mitchell havia proposto a ideia da quimiosmose, que mereceria o nome de *terceiro segredo da vida*. Crick e Watson haviam descoberto *como a vida poderia funcionar*, Monod e Jacob, *como efetivamente funciona*, e Mitchell, o *mecanismo biológico para produção de energia*.

13. Como o DNA é transcrito

Em cada uma das suas células, caros leitores, muitos milhares de proteínas estão sendo fabricados a cada segundo a partir dos genes do DNA. A primeira etapa, a *transcrição de um gene para RNA mensageiro*, é realizada por MMMs chamadas *RNA polimerases* (RNAPs). O *processo de transcrição* é mais uma diferença importante entre procariontes e eucariontes.

Num procarionte, como a *E. Coli*, o DNA é uma cadeia fechada, contida diretamente no citoplasma. Para iniciar a transcrição de um gene, a RNAP se liga a uma região especial do DNA localizada antes do gene, chamada *promotor* (Figura 13.1), e vai desenrolando a dupla hélice para ter acesso a uma de suas fitas. Os nucleotídeos complementares àqueles de cada códon da fita aberta do DNA vão se juntando um a um, para ir formando a fita de mRNA, num processo chamado *alongamento*.

Quando é atingida a região onde termina o gene na fita transcrita, ela volta a ser enrolada na dupla hélice e o RNAP se desliga do DNA. O processo todo está representado na Figura 13.1.

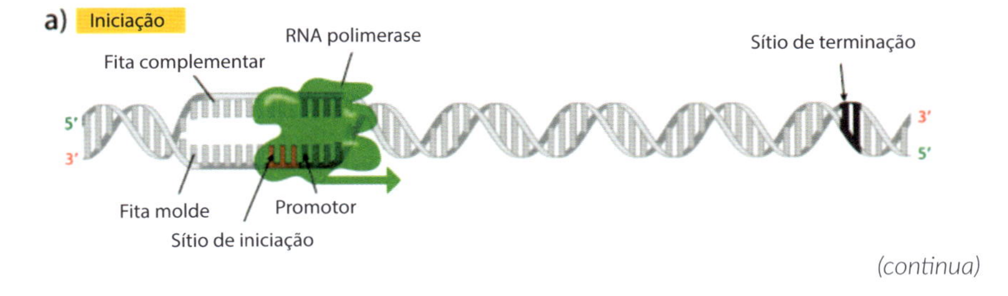

(continua)

(continuação)

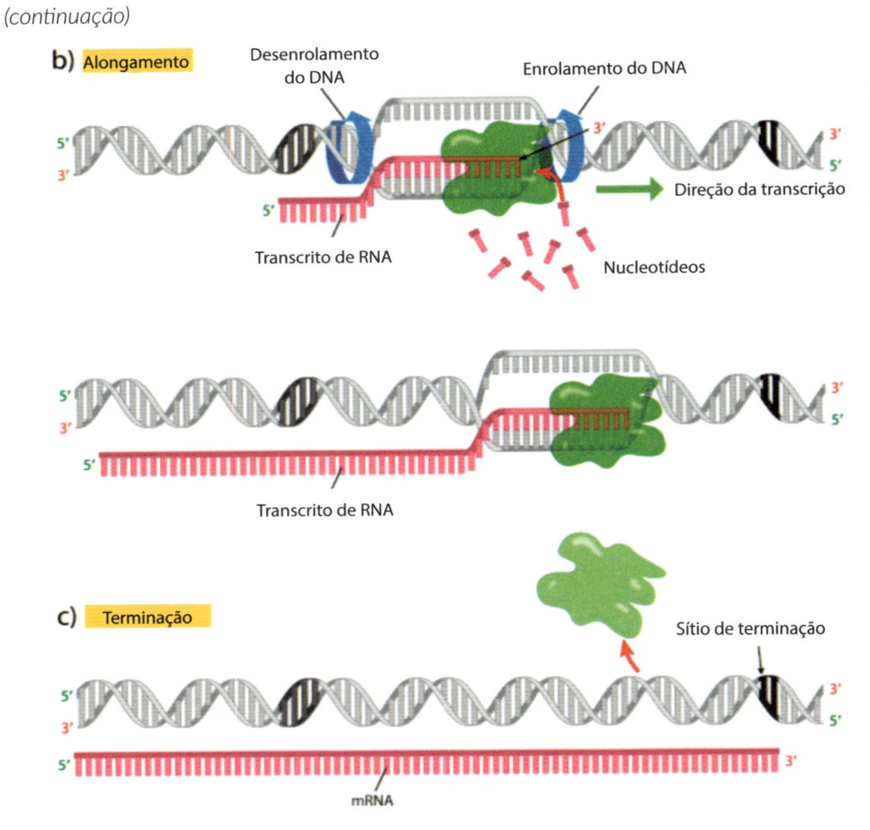

Figura 13.1 Transcrição pelo RNAP num procarionte. A RNAP se liga ao DNA numa região anterior ao gene, o *promotor*, onde desenrola a dupla fita para transcrever um lado dela. Após a *iniciação*, há uma fase de *alongamento*, até chegar à *terminação*, onde se desliga do DNA.

A estrutura da RNAP está ilustrada, já depois de ligada ao DNA, na Figura 13.2. Os nucleotídeos vão chegando pelo túnel de entrada, à direita, e vão se agregando à fita de mRNA na região central, onde há justaposição DNA/RNA. A fita de mRNA sintetizada vai saindo pelo canal de saída, à esquerda.

Um experimento com pinças óticas permitiu acompanhar a transcrição passo a passo, empregando duas microesferas capturadas por pinças (Figura 13.3-b). A microesfera menor (da direita) está ligada a uma única molécula de RNAP. A maior está ligada à dupla fita de DNA que vai sendo transcrita, gerando o mRNA (em vermelho na Figura 13.3). Como a menor está presa a uma pinça com menor força de captura, ela vai sendo puxada para a

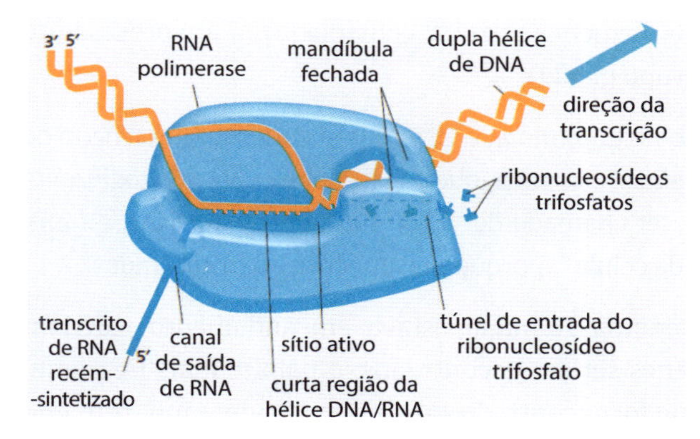

Figura 13.2 Estrutura da RNAP. A RNAP vai desenrolando a dupla hélice passo a passo e acrescentando nucleotídeos complementares, um a um, à fita de RNA. Uma curta região intermediária (*janela*) é um híbrido DNA/RNA.

esquerda, permitindo, assim, medir o passo da transcrição e a força correspondente.

O experimento revelou um mecanismo de "correção de provas" para corrigir erros no processo de transcrição. Quando um erro é detectado, conforme mostra a Figura 13.3-a, a fita transcrita recua de alguns passos e o mRNA mal transcrito é cortado, sendo depois eliminado. O erro na transcrição é reduzido ao nível de uma base em 100 mil! Isso corresponde a menos de dez erros tipográficos no texto impresso de uma Bíblia.

Para eucariontes, há diferenças fundamentais no processo de transcrição. O número típico de bases no DNA é dez mil vezes maior. Se o DNA de uma célula humana fosse todo esticado, seu comprimento alcançaria dois metros, mas ele cabe no núcleo, cujas dimensões são de centésimos de milímetro, porque é uma dupla fita muito delgada. Mas de que forma é acomodado? Se fosse simplesmente empurrado para dentro, ficaria completamente emaranhado!

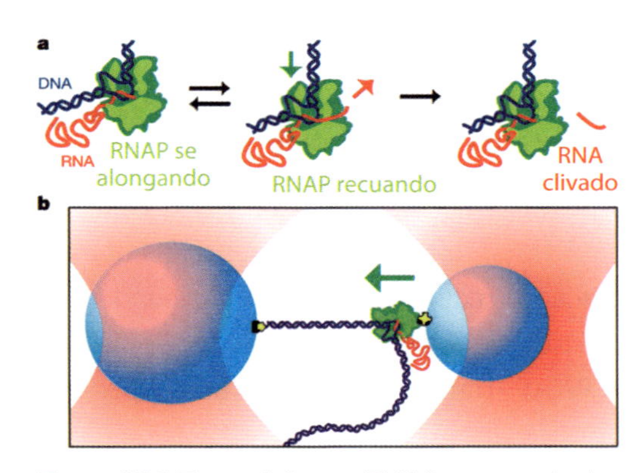

Figura 13.3 Transcrição por RNAP acompanhada em pinças óticas. Aqui também, como na Figura 10.5, é empregada uma pinça ótica dupla.

Em lugar disso, o DNA é estruturado de forma muito bem ordenada, em pacotes compactos. Em cada um deles a cadeia de DNA se enovela em duas voltas em torno de proteínas chamadas *histonas*, às quais se liga de forma mais ou menos estreita, controlada por um processo de *metilação* (ligação a um grupo *metila*).

Conforme mencionado no Capítulo 4, o DNA dos eucariontes é formado de éxons, que codificam proteínas, e íntrons, que constituem o *DNA não codificante* (nc-DNA). Ele costumava ser chamado de "*DNA-sucata*" (junk-DNA), e também de "a matéria escura da célula", porque suas funções eram ignoradas.

Quando o Projeto Genoma Humano estava em andamento, corriam apostas sobre quantos genes seriam encontrados: o palpite mais frequente era cem mil. O número que foi encontrado é da ordem de vinte mil, próximo ao do verme *Caenorhabditis elegans*. Que humilhação! O "rei da criação", *Homo sapiens*, equiparado a um verme?

O Projeto Genoma Humano acabou mostrando que a chave da diferença entre humanos e vermes está no "DNA-sucata": ele corresponde a 98% do DNA! Por que a evolução teria preservado tamanha fração do DNA ao longo de milhares de gerações se ela não tivesse uma função essencial? Pois tem sim: embora não codifique proteínas, aprendemos mais e mais que ela exerce cruciais funções *reguladoras*. Veremos exemplos mais adiante.

Um mecanismo que amplia muito a variedade de proteínas associadas a um segmento do DNA é a edição por *splicing* para remover íntrons, também já mencionada no Capítulo 4. Variando os locais onde são efetuados cortes, o mesmo segmento do DNA pode gerar uma multiplicidade de proteínas diferentes. É o que se chama de *splicing alternativo*.

Nas células de eucariontes, há três tipos de RNAP. As de tipos I e III produzem tRNAs e RNAs contidos nos ribossomos. A RNAP-II é a que produz mRNAs. A transcrição ocorre dentro do núcleo, seguida de exportação ao citoplasma. Outra diferença crucial com procariontes é que o controle da iniciação é *regulado* por uma variedade de proteínas denominadas *fatores de transcrição*, que se agregam na região do promotor e têm papéis essenciais. A RNAP-II não pode se ligar sem a presença de um fator de transcrição.

Depois que um mRNA chega ao citoplasma, ele é capturado por um *ribossomo*, organela especializada na montagem de proteínas. Vamos ver no capítulo seguinte como isso acontece.

14. O Lego das proteínas

A montagem de uma proteína a partir da fita de mRNA correspondente encaminhada ao citoplasma – o processo de *leitura* – é efetuada num *ribossomo*. Uma célula típica contém milhões de ribossomos em seu citoplasma. Um ribossomo é uma estrutura grande e complexa, formada principalmente de *RNA ribossômico* (rRNA) e de proteínas.

A fita de mRNA vai atravessando o ribossomo passo a passo, como a fita de cotações atravessa uma máquina de fita da Bolsa de Valores. Cada códon tem de ser emparelhado com o aminoácido (peptídeo) correspondente, trazido por um tRNA (Figura 14.1), como uma peça do jogo de Lego que se encaixa no objeto a ser montado. Uma vez efetuada a transferência, o tRNA desacoplado é removido.

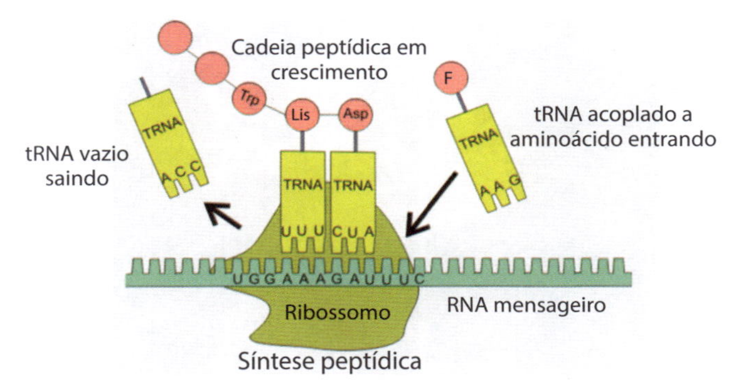

Figura 14.1 Montagem de proteína. Um ribossomo, um mRNA e muitos tRNA se juntam para a construção de uma proteína.

Ao mesmo tempo, é preciso que os peptídeos sejam ligados uns aos outros na sequência correta, correspondente à proteína. Essa ligação é uma reação química, catalisada pela enzima *peptidil transferase*. Devido a esse caráter enzimático, o ribossomo funciona como uma *ribozima*, fortalecendo a hipótese do mundo do RNA (Capítulo 2), que pode ter sido a origem dos ribossomos.

O processo todo está representado na Figura 14.2. Conforme mostra a ampliação no canto inferior esquerdo da figura, existe uma espécie de "régua molecular" no ribossomo para verificar se o encaixe das peças do Lego, ou seja, entre tRNA e mRNA, está perfeito.

O processo descrito até aqui pode ser visualizado no vídeo[1] do YouTube *From DNA to protein – 3D.*

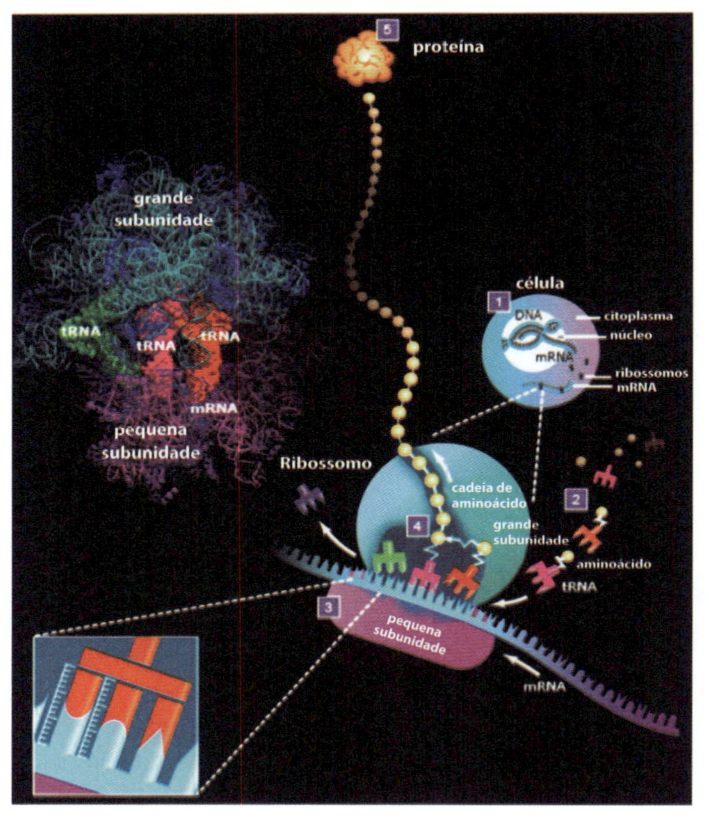

Figura 14.2
O ribossomo.
(**1**) O mRNA criado no núcleo é transferido para o citoplasma e encontra um ribossomo. (**2**) Os tRNA complementares a cada códon são capturados. (**3**) Cada tRNA é emparelhado com o códon correspondente. (**4**) Os aminoácidos produzidos são interligados, formando a proteína. (**5**) A proteína se dobra espontaneamente.

1 O vídeo está disponível em http://livro.link/144516.

Entretanto, esse não é o fim da síntese da proteína. Ainda falta uma etapa fundamental, que é o seu *dobramento*. Assim que uma proteína se forma, ela se *dobra* espontaneamente para atingir sua *forma nativa*, a forma geométrica tridimensional que minimiza sua energia livre. Essa forma só depende da sequência de aminoácidos da proteína. O processo está esquematizado na Figura 14.3, que mostra, do alto para baixo, a estrutura primária, a secundária, a terciária e a quaternária (final). Veja o vídeo *What is a protein? Learn about the 3D shape and function of macromolecules.*[2]

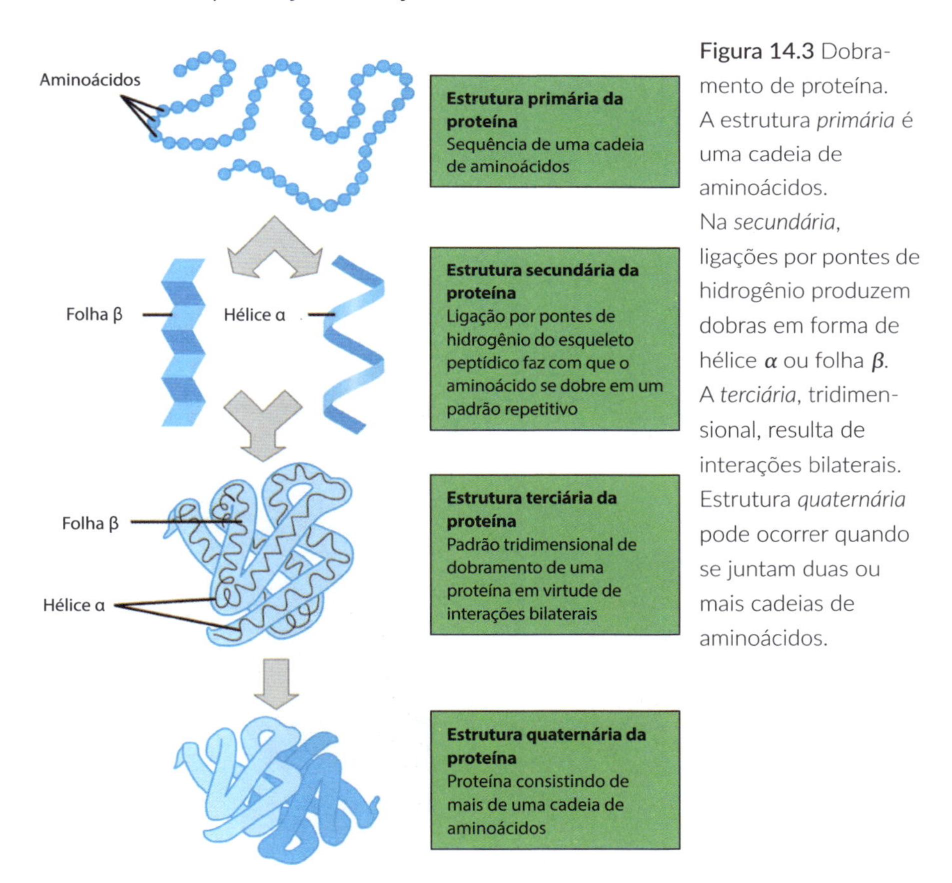

Figura 14.3 Dobramento de proteína. A estrutura *primária* é uma cadeia de aminoácidos. Na *secundária*, ligações por pontes de hidrogênio produzem dobras em forma de hélice α ou folha β. A *terciária*, tridimensional, resulta de interações bilaterais. Estrutura *quaternária* pode ocorrer quando se juntam duas ou mais cadeias de aminoácidos.

Estruturas secundárias típicas são as *hélices* α e as *folhas* β. Como *a forma geométrica de uma proteína é fator determinante para sua função*, o que se torna

2 Veja o vídeo em http://livro.link/144510.

claro nos exemplos de proteínas motoras que já vimos, o processo de dobramento tem grande importância. O dobramento defeituoso de proteínas denominadas *príons* é suspeito de provocar a formação de placas amiloides no cérebro, que poderiam ser a causa do "mal da vaca louca" e do Alzheimer.

O que acontece com as proteínas depois de formadas? A Figura 14.4 mostra a estrutura de uma célula eucariótica expondo suas organelas. O *retículo endoplasmático rugoso* é um conjunto de canais em torno do núcleo, em cujas paredes estão fixados ribossomos (na Figura 14.4 eles aparecem como pontinhos), onde as proteínas são montadas. Ele trabalha em conjunto com o *complexo de Golgi*, que funciona como um centro de distribuição das proteínas, encaminhando-as para seus destinos na célula ou fora dela.

O *retículo endoplasmático liso* se especializa na produção de lipídeos e fosfolipídeos. Uma organela dentro do núcleo, o *nucléolo*, é onde são montados os ribossomos.

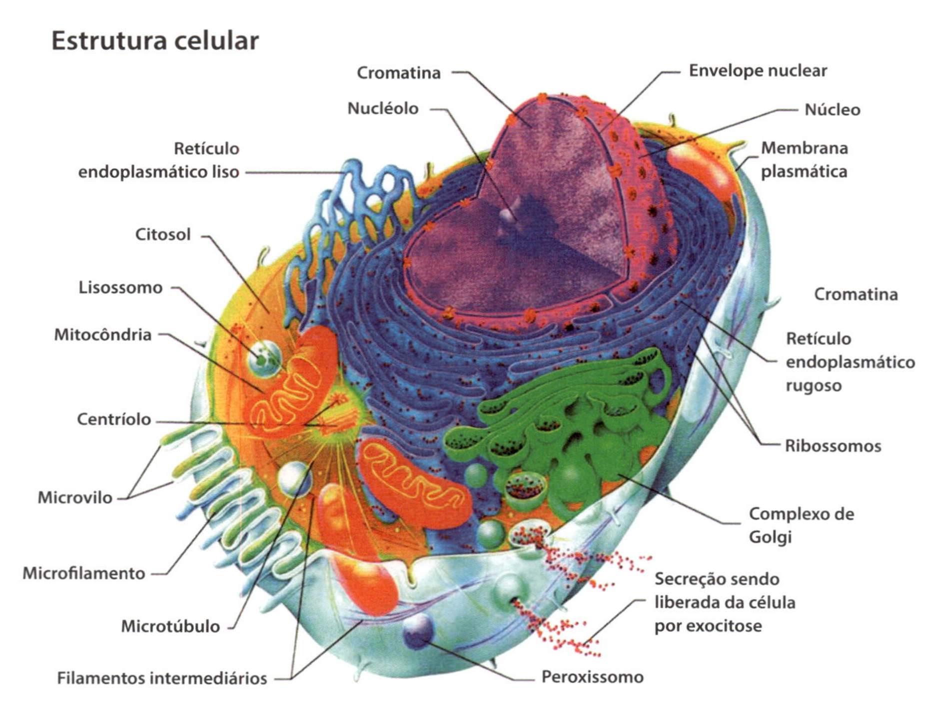

Figura 14.4 Célula eucariótica animal. Estrutura de uma célula eucariótica animal com suas organelas.

Concluímos assim a primeira parte da resposta à pergunta "O que somos?", a explicação da estrutura e do funcionamento das células de que somos formados. É um bom momento para recapitular e visualizar o conjunto. Uma excelente forma de fazer isso é acessar o vídeo *Biology: Cell Structure*. Veja também o vídeo *The central dogma*, que descreve a leitura e a transcrição do DNA em termos de MMM, e uma visão por dentro da célula de todo esse processo no vídeo *Molecular visualizations of DNA*.[3]

Vamos agora à segunda parte da resposta, sobre o organismo.

3 Disponíveis em: http://livro.link/144511; http://livro.link/144517; http://livro.link/144512.

Parte III

Quem somos? O organismo

15. O mistério da morfogênese

Como vimos no início do Capítulo 12, nosso corpo contém dezenas de trilhões de células, *todas elas com o mesmo DNA*, mas elas estão diferenciadas em cerca de duzentos tipos de células diferentes. Em geral, nos animais, a fertilização (fusão de um espermatozoide com um óvulo) gera um *zigoto*, que começa a se subdividir para formar o organismo todo, processo conhecido como *morfogênese* (literalmente, *geração de forma*). Veja a Figura 15.1.

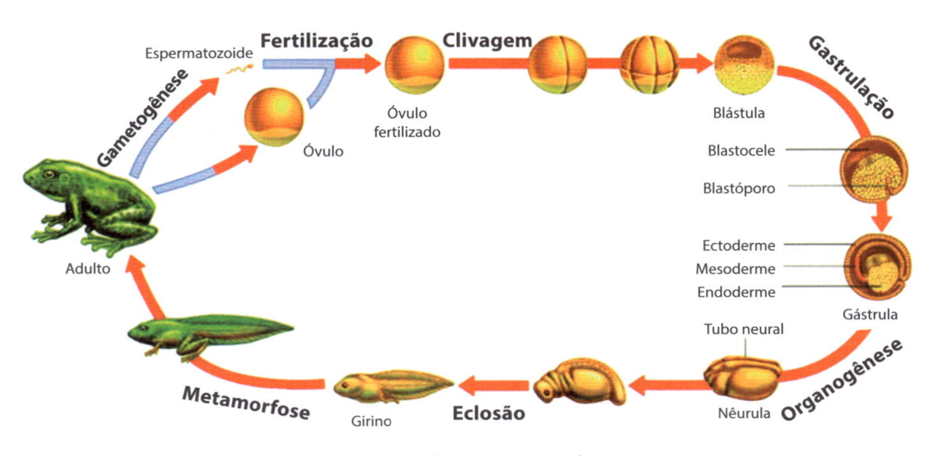

Figura 15.1 Os estágios da morfogênese (embriogênese), do zigoto ao organismo completo.

Comecemos pela questão de como ocorre a diferenciação em muitos tipos celulares. Você provavelmente já ouviu falar em *células-tronco*, que são a chave para isso. Células-tronco têm o potencial de converter-se entre vários tipos celulares diferentes durante o desenvolvimento do organismo. As que têm o potencial máximo de transformação (chamadas *totipotentes*) são as *células-tronco embrionárias*. Em estágios ulteriores do desenvolvimento, as células têm potencial menor (são *pluripotentes*).

A diferenciação ocorre durante a *gastrulação*, a etapa central, com subdivisão em três populações diferentes (Figura 15.2): *ectoderme* (células neurais e da pele), *endoderme* (pulmão, fígado e pâncreas) e *mesoderme* (coração, músculos do esqueleto e sangue).

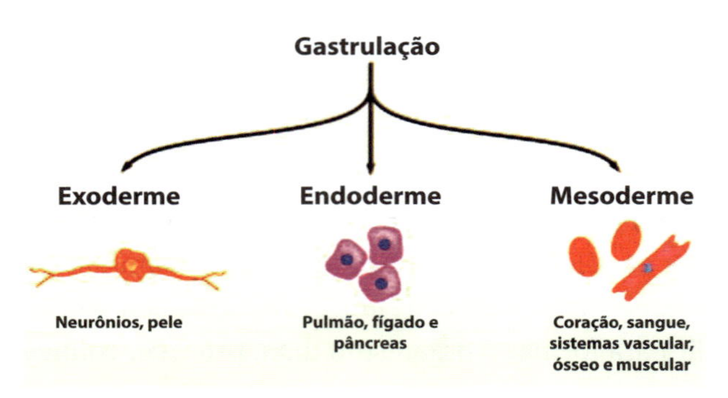

Figura 15.2 Diferenciação das células-tronco. As três populações diferentes de células-tronco.

Uma célula-tronco se divide por um mecanismo diferente das células normais: a *divisão assimétrica*. Nesse processo, a célula gera duas células distintas. Uma é a que vai se diferenciar em diversos tipos celulares e a outra é uma nova célula-tronco idêntica à anterior, permitindo, assim, continuar mantendo o abastecimento de células-tronco.

Como ocorre a diferenciação? Em vista das grandes aplicações potenciais das células-tronco, continua até hoje uma intensa atividade de pesquisa sobre esse tema, mas já existem fortes indícios de que a resposta está relacionada com o *DNA-sucata* (Capítulo 13).

Um tipo particularmente importante de DNA-sucata são os "genes saltadores", os *transpósons* e os *retrotranspósons*, que representam quase a metade do genoma humano. São porções do DNA que mudam de posição ao longo dele, por diversos mecanismos. Alguns podem ter se originado de vírus em épocas remotas. Já foi mencionado no Capítulo 4 que o núcleo das células de eucariontes pode ter se originado como defesa contra genes saltadores da bactéria cuja endossimbiose com uma *archaea* gerou as mitocôndrias.

Tais mudanças de posição podem afetar a localização do promotor na transcrição do DNA (Capítulo 13), afetando os *fatores de transcrição*, que têm importância crucial para o resultado. Isso ficou patente em 2006, quando Shinya Yamanaka (Nobel de 2012) conseguiu reverter células adultas ao estágio de células-tronco, criando *células-tronco pluripotentes induzidas*, por um método surpreendentemente simples: injetando apenas quatro fatores de transcrição. Até então, era preciso utilizar células-tronco embrionárias, muito mais difíceis de obter. A nova técnica teve grande impacto nas pesquisas com células-tronco.

O primeiro modelo teórico sobre o mecanismo da morfogênese foi proposto em 1952 por Alan Turing (Figura 15.3), criador da ciência da computação e do computador moderno, retratado no filme *O jogo da imitação* (2014). Ao decifrar o código da máquina "Enigma", empregada pela Alemanha nazista para transmitir mensagens secretas, deu uma grande contribuição para a vitória dos aliados.

Figura 15.3 Alan Turing.

Turing postulou a existência de *morfógenos*, substâncias que se difundem através dos tecidos, de dois tipos e com alcances diferentes: um capaz de *inibir* e outro de *incrementar* a taxa de reações químicas entre elas, levando ao seu modelo de *equações de reação-difusão*. Embora à primeira vista processos de difusão tendam a uniformizar padrões, Turing mostrou que também podem criá-los, levando a reações químicas oscilantes ou à produção de manchas e faixas periódicas. Sabemos hoje que as listas na pele de uma zebra resultam desse processo.

Um mecanismo alternativo foi proposto por Lewis Wolpert nos anos 1960. Wolpert sugeriu que um gradiente de concentração (possivelmente de um morfógeno) num tecido poderia estar associado à ativação de genes diversos em posições diferentes. Essa ideia foi reforçada pela descoberta dos *genes Hox*, um conjunto de genes que expressam fatores de transcrição responsáveis pela formação *sequencial* de partes diferentes de um organismo, seguindo a mesma sequência em que estão dispostos nos genes Hox. A Figura 15.4 ilustra isso para a mosca de fruta *Drosophila melanogaster*.

O gene responsável pela formação de cada segmento do corpo está identificado na figura pela cor respectiva. Acredita-se hoje que uma combinação dos três processos, reação-difusão, geração de gradientes e ativação de genes diversos conforme sua posição, atua na morfogênese.

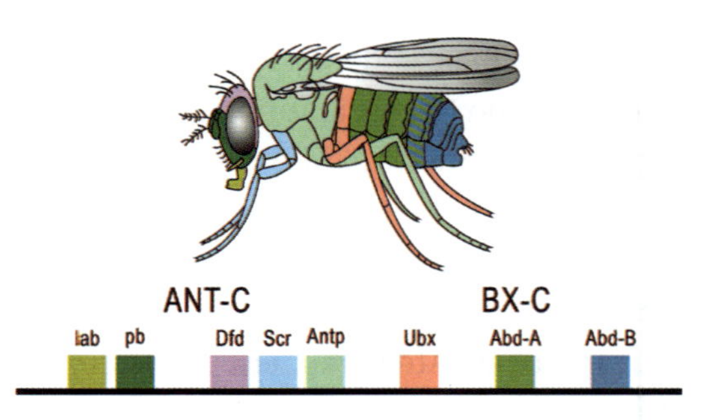

Figura 15.4 Expressão dos genes Hox em *Drosophila melanogaster*. Hox provém de *Homeobox*, nome de um conjunto de *fatores de transcrição* no DNA, proteínas altamente conservadas na evolução das espécies, incluindo os humanos.

Recentemente, se descobriu que, nas subdivisões do zigoto até chegar ao estágio de oito células, todas as células formadas são idênticas. Ao passar de oito para dezesseis, porém, a divisão é assimétrica: metade das células-filhas adquirem *polaridade*, ganhando um suplemento de *actomiosina* que as torna mais contráteis (Figura 15.5). As células-filhas inalteradas (em azul na figura) permanecem na superfície, ao passo que as outras (em rosa na figura) migram para dentro. A partir daí, elas continuam se diferenciando como células-tronco embrionárias para formar o embrião.

Nas células da superfície, uma proteína chamada YAP migra para o núcleo da célula e ativa genes que vão dar origem à *placenta* e à implantação do embrião.

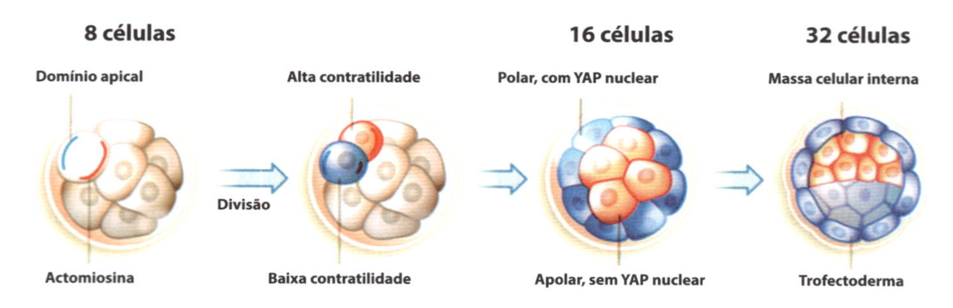

Figura 15.5 *Diferenciação embrião-placenta*. Mecanismo de autorregulação nos estágios iniciais do desenvolvimento de um embrião: uma diferença de contratilidade, no estágio de 8 para 16 células, leva à migração para dentro de metade das células, que a partir daí vão funcionar como células-tronco embrionárias, enquanto as externas vão gerar a placenta.

Um trabalho publicado por Katie McDole e outros autores, em 2018, permitiu visualizar em tempo real 48 h de gastrulação num camundongo, observando as divisões de dezenas de milhares de células tronco e analisando cerca de um milhão de imagens para registrar o crescimento do organismo e o nascimento de diversos órgãos (Figura 15.6).

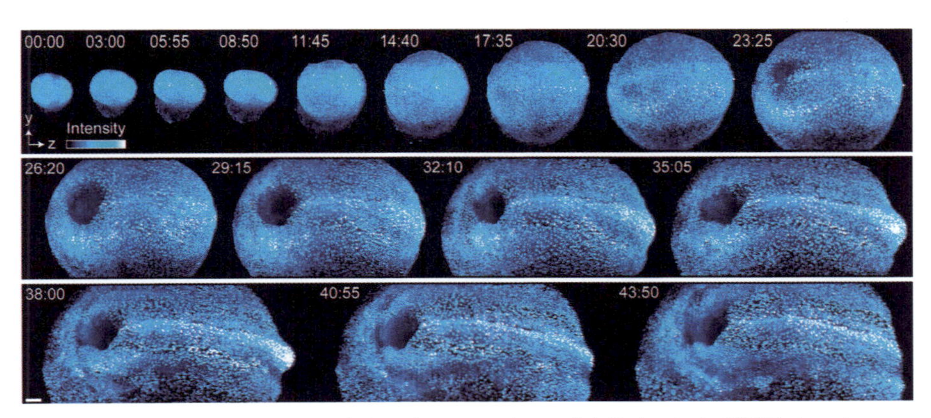

Figura 15.6 Gastrulação num embrião de camundongo (McDole et al., 2018). A cratera que se abre em 23.25 alojará estômago, pâncreas e fígado. A linha branca dorsal estreita irá formar a espinha dorsal: dá para perceber o início da formação de costelas em 40.55. Na extremidade esquerda, em 43.50, começa a formação do coração, com células cardíacas já começando a pulsar. O trabalho foi noticiado com destaque no *New York Times* (veja a matéria no site: https://www.nytimes.com/2018/10/12/science/mouse-embryo-microscope-cells.html?action=click&module=Well&pgtype=Homepage§ion=Science), onde aparecem alguns dos vídeos originais. Observe o crescimento do tamanho.

Esses resultados demonstram uma das características mais extraordinárias da vida: todo este processo ocorre ***espontaneamente***, é ***auto-organizado***!

16. Por que o pólen me faz espirrar?

Morei nos Estados Unidos durante os anos da ditadura militar no Brasil. Passado algum tempo, desenvolvi os sintomas da *hay fever* (febre do feno), que afeta milhões de pessoas naquele país. Quando a taxa de pólen na atmosfera se elevava, era uma cascata incontrolável de espirros, nariz entupido e olhos lacrimejando, que foi piorando com o tempo. Esse é um exemplo típico de *alergia*, reação de defesa do organismo contra um invasor externo, produzida pelo *sistema imune*.

As principais células que compõem esse sistema estão representadas na Figura 16.1. São células brancas, geradas por células-tronco mesodérmicas da medula espinhal. Circulam no organismo tanto pelo sangue como pelo *sistema linfático*. Órgãos do sistema linfático incluem o *timo* e os *nódulos linfáticos*.

O sistema imune é extremamente complexo. Muitos de seus aspectos ainda precisam ser desvendados. Só cabe aqui uma visão panorâmica bastante simplificada de alguns dos principais resultados conhecidos.

O sistema imune é a defesa do organismo contra seus invasores, que são chamados de *antígenos*. A trincheira inicial, desencadeada imediatamente, é o *sistema imune inato*, com o qual já nascemos. O sistema inato utiliza células brancas do sangue, os *neutrófilos*, que circulam pelo período de alguns dias, e os *macrófagos*, células residentes nos tecidos, que circulam por longos períodos.

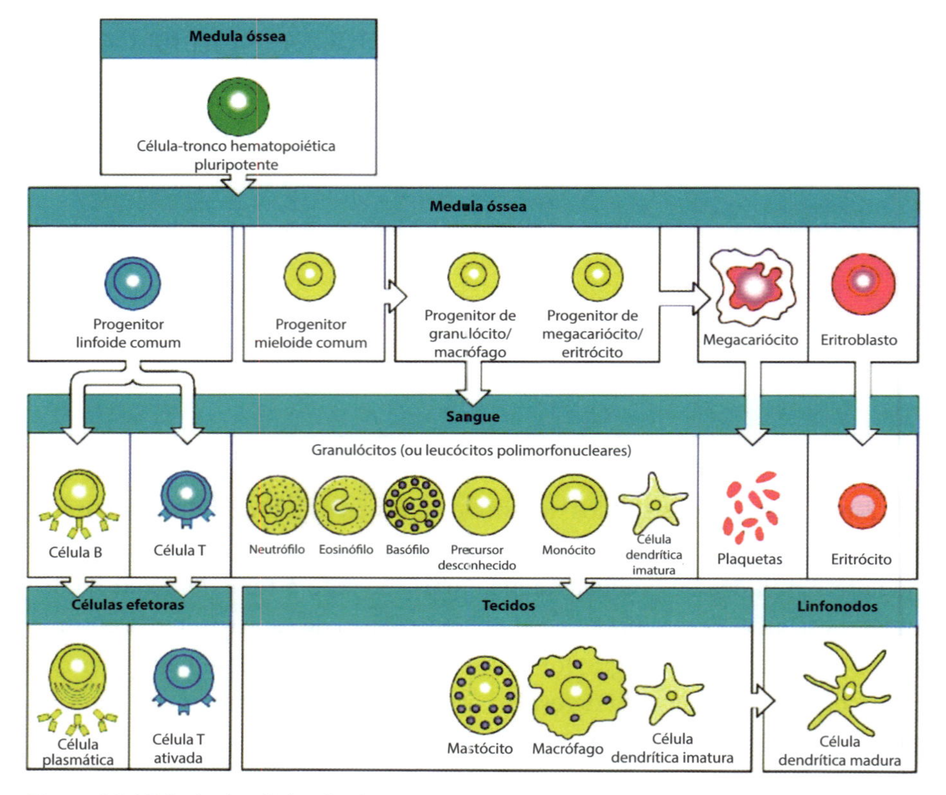

Figura 16.1 Principais células do sistema imunológico. Todas as células do sistema imune se originam de *células-tronco hematopoiéticas* da medula óssea. A parte *linfoide* produz os *linfócitos* T e B, responsáveis pela imunidade adquirida. A parte *mieloide* gera os diferentes tipos de *leucócitos* (células brancas) e *eritrócitos* (células vermelhas).

Os invasores são inicialmente reconhecidos por meio de receptores em suas membranas e depois são destruídos por *fagocitose*. Nesse processo, o invasor é engolido pelas células defensoras após ser envolvido por elas. Depois é atacado por substâncias tóxicas para digeri-lo e eliminá-lo.

A resposta alérgica, como na febre do feno que me acometeu, já é um exemplo de imunidade *adquirida* ou *adaptativa*, em que são gerados *anticorpos*, também chamados de *imunoglobulinas*, para atacar os antígenos. Um anticorpo é uma proteína em forma de Y. Uma das pontas do Y contém uma região de ligação a um único antígeno específico, como uma fechadura que só é aberta por uma única forma de chave.

No exemplo da febre do feno, o que acontece está esquematizado na Figura 16.2. O anticorpo é a imunoglobulina E (IgE), presente na mucosa nasal, cuja produção é incrementada logo no primeiro contato com antígenos, como os grãos de pólen. As moléculas de IgE se ligam a *mastócitos* (Figura 16.1). Em contatos subsequentes, os mastócitos ligados a IgE liberam substâncias químicas, como *histamina* e *citocina*, que produzem os sintomas característicos da febre do feno: inflamação e constrição nasal, secreções, espirros etc.

É surpreendente que nosso organismo crie *espontaneamente* anticorpos para uma variedade estimada em muitos milhões de possíveis antígenos. Muitos deles jamais penetraram ou chegarão a penetrar no organismo. O mecanismo é uma espécie de *roleta genética*, em que segmentos de genes migram, se fundem ou recombinam aparentemente ao acaso.

Bem mais séria do que a febre do feno é a infecção por micro-organismos como bactérias patogênicas. Um dos principais problemas para nos defendermos delas é como reconhecê-las. Nosso organismo contém mais bactérias do que células, sejam inofensivas, sejam úteis para nós, auxiliando a digestão, como a flora bacteriana intestinal. É necessário ingerir lactobacilos para recompô-la após um longo tratamento com antibióticos.

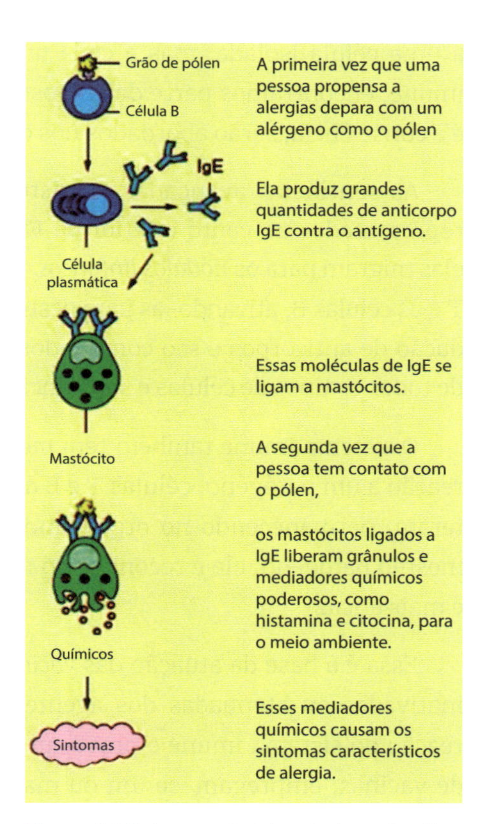

Figura 16.2 *A causa da febre do feno*. O pólen (antígeno) provoca a produção do anticorpo IgE (*imunoglobulina* E), que se liga a *mastócitos*. Uma nova exposição ao pólen leva essas células a liberar *histamina* e *citocina*, que provocam os sintomas da febre do feno.

Como distinguir uma bactéria com a qual já estabelecemos coexistência pacífica de uma invasora potencialmente perigosa? O conjunto de genes que tem essa importante responsabilidade recebeu o nome pomposo de *complexo principal de histocompatibilidade*, abreviado como MHC (do inglês, *major histocompatibility complex*).

O fato de que nosso sistema imune reconhece a diferença entre nossas células e células "alienígenas" merece uma pausa para reflexão. Um aspecto da pergunta "O que somos?" é "*Quem* somos?", o que diz respeito não mais a uma célula isolada, mas a cada um de nós como indivíduo. No sistema imune, encontramos parte da resposta. Outros aspectos, ligados à memória e à consciência, serão abordados nos capítulos seguintes.

As sentinelas avançadas do sistema imune são as *células dendríticas*, representadas no canto inferior da Figura 16.1. Após capturar os antígenos, elas migram para os *nódulos linfáticos*, onde *apresentam* os invasores às células T e às células B, ativando-as para destruir o inimigo. Também é ativada a produção de anticorpos e são convocados neutrófilos e macrófagos. A produção de todos os tipos de células e substâncias protetoras é então, incrementada.

O sistema imune também tem *memória*. Poucos dias depois da primeira reação a um patógeno, células T e B *auxiliares de memória* aparecem e proliferam, permanecendo no organismo. Se ocorre uma nova infestação pelo mesmo patógeno, ele é reconhecido mais rapidamente por elas e a resposta é mais eficaz.

Essa é a base da atuação das *vacinas*. Elas são fabricadas usando formas inativadas ou atenuadas dos agentes patogênicos para desencadear uma reação do sistema imune e provocar a criação de memória. Em vários tipos de vacinas, empregam-se um ou mais *repiques* posteriores para reativar a memória e aumentar a eficácia da proteção.

O maior problema enfrentado no transplante de órgãos ou tecidos é a *rejeição* pelo sistema imune do paciente. O exemplo mais comum é a transfusão de sangue, mas nesse caso doadores que possuam os poucos antígenos associados ao mesmo grupo sanguíneo tendem a ser mais fáceis de encontrar. Já em transplantes de órgãos ou tecidos como a medula, mesmo de parentes próximos, diferenças no MHC das células tendem a desencadear uma resposta imune das células T, levando à rejeição. Procura-se evitar que isso ocorra tratando o paciente com drogas imunossupressivas, mas elas podem provocar efeitos colaterais.

Lapsos do sistema imune são responsáveis pelas *doenças autoimunes*, em que o sistema imune ataca antígenos existentes no próprio organismo. As reações provocadas são semelhantes àquelas contra antígenos externos, como as inflamações nas juntas que ocorrem na *artrite reumatoide*. Elas também dependem de fatores genéticos e ambientais.

17. Como se propagam os sinais nervosos

Um *sistema complexo* é um conjunto de um número muito grande de elementos em constante interação uns com os outros, em evolução, capaz de se auto-organizar e de adquirir coletivamente, sem controle externo, *propriedades novas emergentes*, resultantes dessas interações. Um exemplo é justamente o sistema imune, cuja principal propriedade emergente é a defesa do organismo contra agentes externos. Sistemas biológicos são *adaptativos*: sua evolução se adapta ao ambiente pela seleção natural darwiniana.

O sistema complexo mais elaborado que conhecemos é o *cérebro humano*, formado de ~86 bilhões de neurônios (e quantidade semelhante de células não neuronais). Cada neurônio está ligado a ~10 mil outros, produzindo um número de interconexões superior ao número de estrelas na Via Láctea. As propriedades emergentes incluem a percepção, as emoções, a linguagem, a memória, o pensamento e muitas outras.

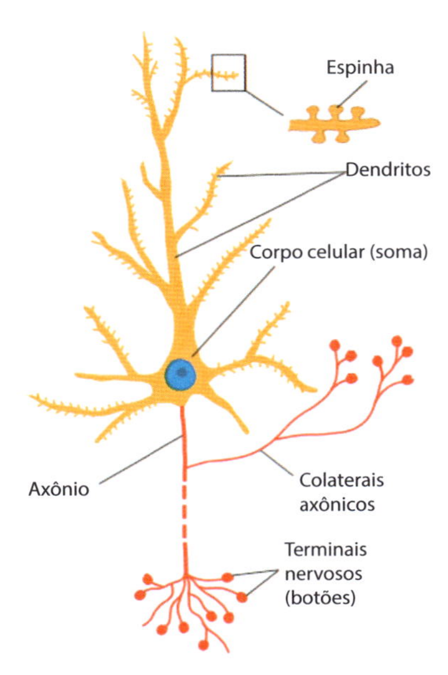

Figura 17.1 Neurônio. O corpo celular (*soma*) contém o núcleo, citoplasma e organelas. Os *dendritos*, ramificados, recebem sinais de outras células nervosas. O *axônio* transmite os sinais nervosos a outras células.

A Figura 17.1 representa esquematicamente uma das formas típicas de um neurônio. O corpo da célula (*soma*) se desdobra em várias ramificações, como os ramos de uma árvore, os *dendritos*, e estende um único eixo central, o *axônio*, que vai conduzir sinais nervosos a outros neurônios ou a células musculares.

A geração e a transmissão de impulsos nervosos têm, em parte, origem elétrica e em parte natureza química. A transmissão de um neurônio a outro é feita em junções denominadas *sinapses*, através de *terminais nervosos* na extremidade dos axônios. Ela consiste num conjunto de substâncias químicas chamado *neurotransmissores*.

A contribuição *elétrica* à transmissão de sinais decorre do *potencial de membrana*, uma característica da membrana dos neurônios análoga à que atua na quimiosmose (Capítulo 3). Ela também se deve a um gradiente de concentração iônica, de íons de potássio (K^+), que são mais abundantes fora da célula do que dentro dela, devido à permeabilidade seletiva da membrana. O *potencial de repouso* médio é, assim, *negativo*, da ordem de −60 mV.

Os neurotransmissores controlam esse potencial, abrindo *canais de membrana* que permitem a saída de íons K^+, reduzindo a magnitude do potencial, o que se chama de *despolarização*, ou tornando-o mais negativo, pela abertura de canais para penetração na célula de íons negativos de cloro (Cl^-), efeito de *hiperpolarização*.

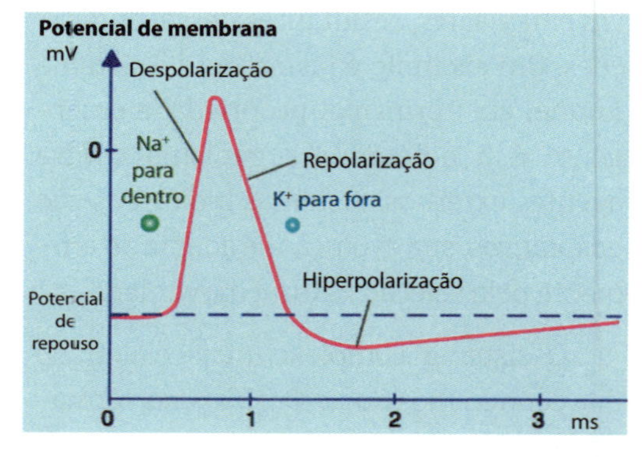

Figura 17.2 O potencial de ação resulta da mudança da diferença de potencial através da membrana, pela abertura de *canais iônicos*, que controlam a passagem de íons Na^+ (para dentro do neurônio) e K^+ (para fora do neurônio), provocada por substâncias *neurotransmissoras* secretadas através de contatos (*sinapses*) com outros neurônios.

A despolarização abre novos canais mais adiante, criando uma *onda de despolarização* que se propaga ao longo do axônio. Entretanto, milissegundos depois de atingir um pico do potencial, canais abertos voltam a se fechar (*repolarização*). O resultado é um pico de voltagem, o *potencial de ação* (Figura 17.2).

A altura (tamanho) do pico do potencial de ação é sempre a mesma. Para transduzir o *grau de excitação* de um neurônio, é empregado um código de *frequência*, seja variando o intervalo entre os pulsos, seja produzindo feixes de pulsos (Figura 17.3).

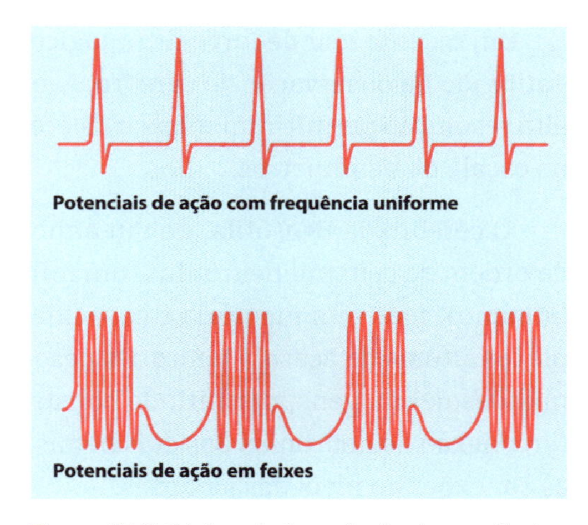

Figura 17.3 Código de frequência. A magnitude de cada impulso no potencial de ação é fixa. A *intensidade* da excitação é codificada pela *frequência* dos impulsos.

O sinal químico (*neurotransmissores*) é encapsulado dentro de *vesículas*, que são transportadas ao longo de microtúbulos no interior do axônio por meio de cinesinas, como vimos no Capítulo 6, até chegar à junção com outro neurônio, separado do primeiro por um intervalo chamado de *sinapse* (Figura 17.4).

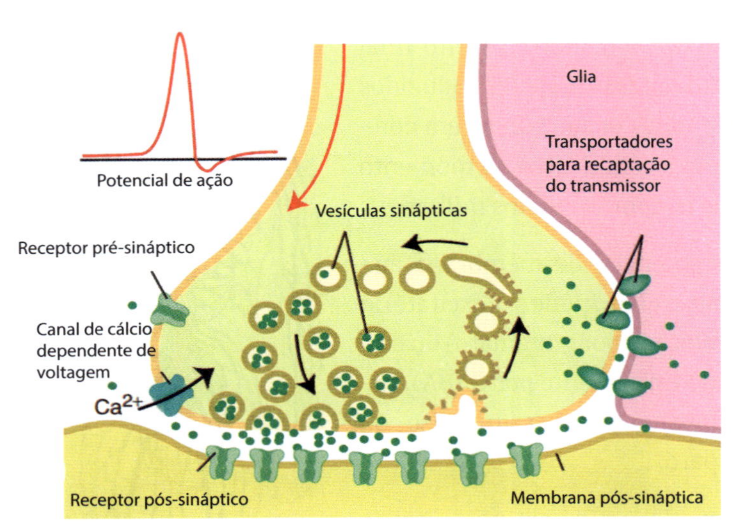

Figura 17.4 *Sinapse*. Sinais de cálcio (Ca^{+}) contribuem para a liberação de neurotransmissores. Essas substâncias são recuperadas e as vesículas sinápticas são recicladas.

Lá chegando, as vesículas migram para fora do axônio e se rompem, liberando os neurotransmissores, que vão se ligar a receptores no neurônio-alvo.

Um recente *tour* de force tecnológico ilustra o grau de precisão recém--atingido na observação do cérebro. Avanços na microscopia eletrônica de alta resolução permitiram mapear o cérebro de uma Drosófila (Figura 15.4) na escala de nanômetros.

O cérebro da Drosófila, do tamanho de uma semente de papoula, tem da ordem de cem mil neurônios (um milhão de vezes menos que o cérebro humano), mas tem memória e capacidade de aprendizado; executa complexos rituais de acasalamento. Os pesquisadores captaram mais de vinte milhões de imagens, permitindo construir um mapa dos circuitos de interconexão de neurônios dos dois hemisférios cerebrais, capaz de detectar as conexões ao nível das sinapses.[1]

Cada vesícula pode conter milhares de moléculas de neurotransmissores. Os mais importantes são *glutamato* e GABA. Outros, também importantes, são *dopamina*, *norepinefrina* e *serotonina* (esta associada a sensações de bem-estar).

Os neurotransmissores abrem canais iônicos na célula-alvo, provocando um *potencial de ação pós-sináptico* induzido. O efeito final resulta da *soma de todos os efeitos* induzidos pelo conjunto de todos os neurônios em contato sináptico com a célula-alvo no momento considerado, que podem ser vários milhares.

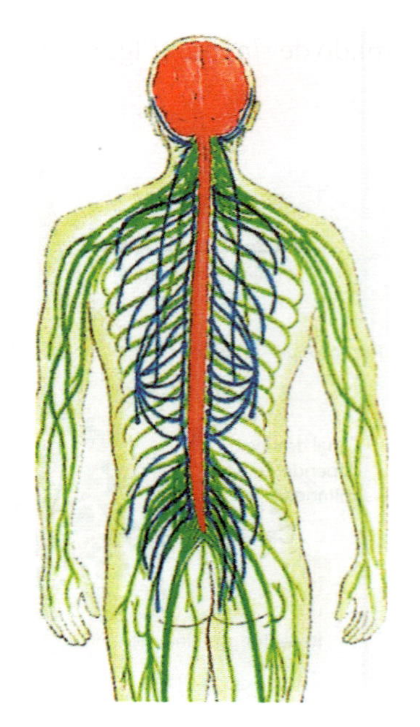

Figura 17.5 Estrutura do sistema nervoso humano.

Conforme o potencial de membrana aumente ou diminua, o efeito pode ser excitatório (tipicamente provocado por glutamato) ou inibitório (provocado tipicamente por GABA), fazendo o neurônio-alvo disparar um pulso, ou impedindo o disparo.

Como funciona isso tudo em nosso organismo? A Figura 17.5 esquematiza a estrutura do sistema nervoso. O *sistema nervoso central*

1 Veja um vídeo sobre os resultados dessas imagens em http://livro.link/144513.

(em vermelho) inclui o cérebro e a medula espinhal. Ele exerce as principais funções de comando e integração com o resto do organismo. O *sistema nervoso periférico* (em amarelo) coleta as informações dos órgãos dos sentidos (Capítulo 18), inclusive da pele (tato), para transmiti-las ao cérebro. O sistema *aferente e somático* (em verde) transporta sinais nervosos entre a medula espinhal, o tronco e os membros superiores e inferiores, comandando, por exemplo, a contração muscular. O *sistema autônomo* (em azul) controla processos involuntários, como a circulação do sangue, a digestão e o sistema excretor.

A Figura 17.6 mostra como um mecanorreceptor da pele, estimulado pelo contato, gera um potencial de ação pós-sináptico, transmitido por um nervo aferente, via medula espinhal, para o cérebro. O trajeto inverso representaria um comando do cérebro transmitido ao músculo.

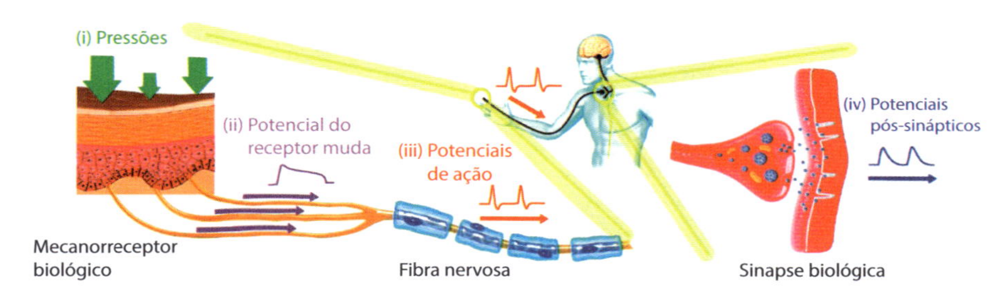

Figura 17.6 Atuação de nervo sobre músculo.

Para visualizar mais detalhes sobre o conteúdo deste capítulo, acesse o vídeo *Nerve Impulse Molecular Mechanism [3D Animation]*.[2]

2 Veja o vídeo em http://livro.link/144514.

18. Como vemos e ouvimos

Talvez você tenha aprendido que você vê com os olhos e ouve com os ouvidos. Mas não é exatamente isso que acontece. Você *enxerga* com os olhos e *escuta* com os ouvidos, mas *vê* e *ouve* com o cérebro. Os olhos e os ouvidos são *veículos* para a luz e o som estimularem seus sentidos, mas as *sensações visuais e auditivas* são produzidas no cérebro.

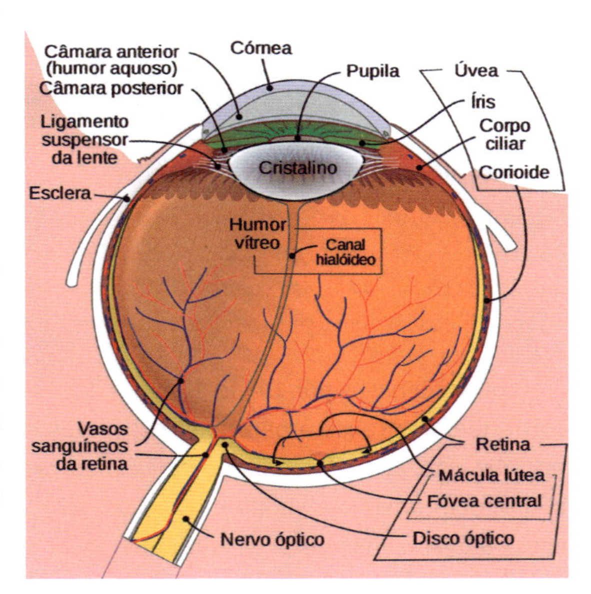

Figura 18.1 *Olho humano*. A *córnea* e o *cristalino* focalizam a luz através da *pupila*. A íris funciona como o diafragma de um aparelho fotográfico. A imagem (invertida) se forma na *retina*, de onde é transmitida para o cérebro pelo *nervo ótico*.

Nosso olho (Figura 18.1) funciona de forma análoga a uma câmera, com diafragma (íris) e lente (cristalino) focalizável por contração muscular para projetar uma imagem sobre a retina, mas a visão só *começa* a partir desse ponto.

A retina deve ser considerada uma extensão do cérebro, onde se inicia o tratamento da imagem. A Figura 18.2 é um esquema das primeiras camadas de células nervosas da retina, com a luz sendo refletida de baixo para cima. Os receptores são os *bastonetes*, mais sensíveis à luz fraca, e os *cones*, responsáveis pela visão das cores, de três tipos, com sensibilidades maiores nas regiões em vermelho, verde e azul. Esses receptores já são parte do *sistema nervoso central*.

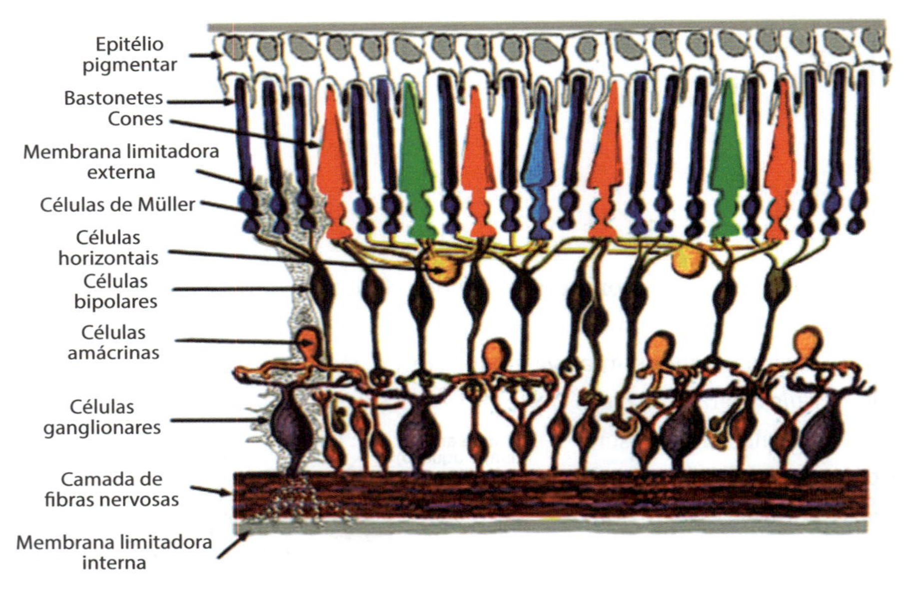

Figura 18.2 Anatomia da retina. A camada de *células sensoriais* da retina é formada de *cones* e *bastonetes*. Os cones, responsáveis pela visão de cores e pela visão mais nítida, são mais numerosos na *mácula* (região central). A camada de *células ganglionárias*, extensão do cérebro, já efetuam um primeiro tratamento da imagem antes de transmiti-la ao cérebro.

Foi descoberto por David Hubel e Torstein Wiesel (prêmios Nobel de 1981) que, no processamento dos estímulos visuais, há um alto grau de especialização. Há células que detectam contrastes luz-sombra, outras que respondem apenas a sinais luminosos orientados em determinadas direções, outras sensíveis a movimentos com orientações definidas. Células sensíveis às pequenas diferenças entre imagens provenientes da vista direita ou esquerda, ou de objetos próximos ou distantes, são importantes na visão *estereoscópica* (tridimensional) e na percepção de profundidade. Todas essas características são integradas no cérebro e resultam em nossa visão do mundo.

No sistema auditivo, os sinais detectados são ondas sonoras que se propagam na atmosfera e penetram em nossos ouvidos. O análogo acústico da retina, localizado no ouvido interno, é o conjunto de *estereocílios*, células longas alinhadas em ordem crescente de tamanho, como tubos de órgão (Figura 18.3). No topo de estereocílios adjacentes há ligações entre eles por fios finos, que atuam como molas. A deflexão produzida por um sinal sonoro abre um canal iônico, o que altera o gradiente de concentração e produz um potencial de membrana.

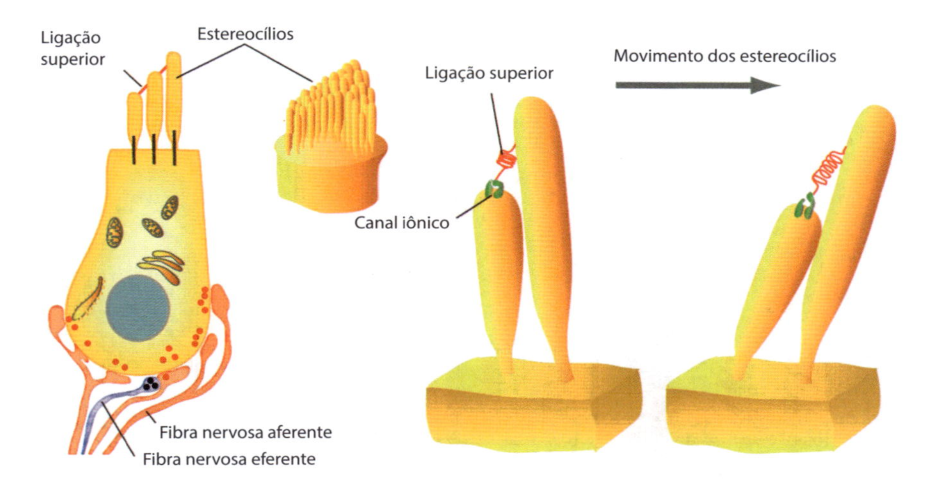

Figura 18.3 Estereocílios. São o mecanismo de transdução do som em sinais nervosos transmitidos ao nervo auditivo. Uma onda sonora desloca molinhas no topo deles e provoca a abertura de um canal iônico, gerando um potencial de ação.

Outros tipos de células sensoriais estão associados ao olfato, ao paladar e ao tato. A extraordinária sensitividade dos nossos órgãos dos sentidos merece ser ressaltada. Nossos olhos são capazes de detectar um único fóton, e uma sensação visual já pode ser provocada por algo da ordem de três a cinco fótons! O limiar auditivo é uma vibração sonora correspondente a um deslocamento da ordem do tamanho de um átomo!

Como tudo em biologia, isso faz sentido à luz da evolução. A sobrevivência de nossos antepassados pré-históricos dependia fortemente de sua capacidade de detectar à noite a ameaça de um predador escondido na mata, visualmente ou por algum ruído.

A anatomia da retina (Figura 18.2) exemplifica a estrutura em camadas dos neurônios no córtex cerebral, ilustrada também na Figura 18.4. A arquitetura desse sistema é altamente paralela (como na computação com diversos computadores em paralelo) e distribuída. Há *reverberação*: os sinais são processados e reprocessados várias vezes entre as camadas, nos dois sentidos, com retroalimentação (*feedback*) e alimentação para a frente (*feed forward*). É um *sistema dinâmico*, em que a interação entre as conexões (sinapses) vai sendo continuamente atualizada.

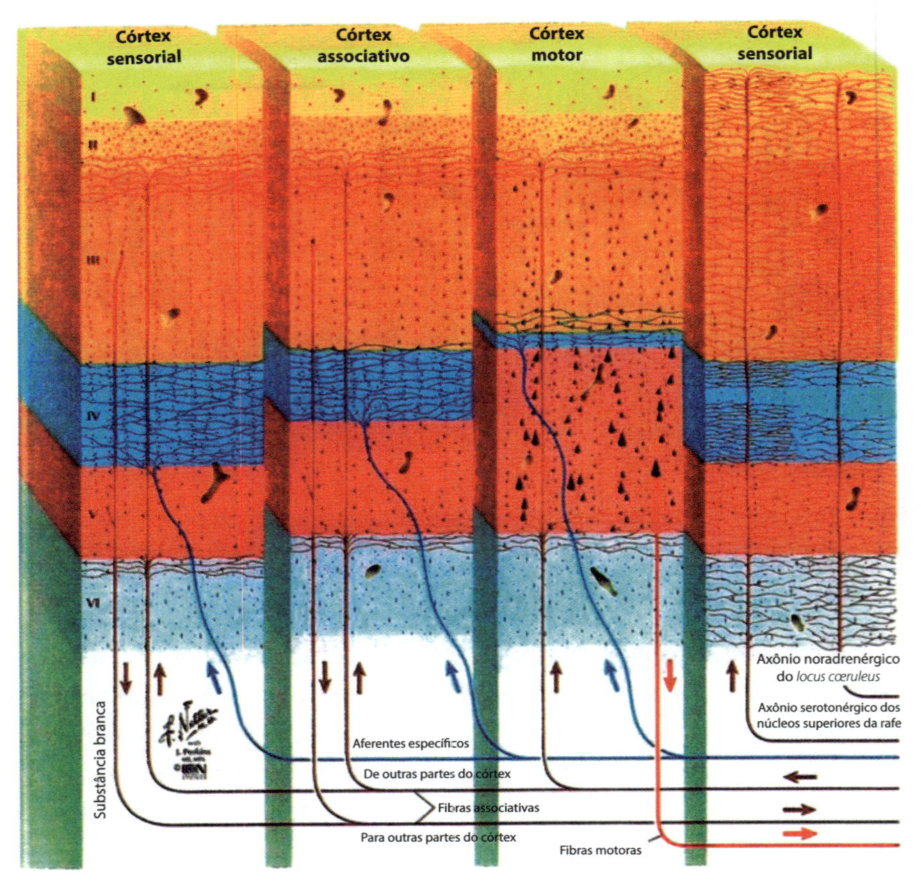

Figura 18.4 Estrutura em camadas do córtex cerebral. As camadas são compostas de diferentes tipos de neurônios, com uma densa rede de intercomunicação.

Analogias com computadores são enganosas: mesmo os mais sofisticados se situam a milênios-luz de distância de um cérebro humano. Já há décadas que se vem procurando criar arquiteturas computacionais que imitem a estrutura cerebral, como as redes neurais, substituindo neurônios por transistores.

Em 2011, o Google lançou o Projeto Cérebro, procurando desenvolver "redes neurais profundas" com essa finalidade, imitando a estrutura em camadas e o processamento em dois sentidos. Também procura imitar o processo de aprendizado por tentativa e erro. Aplicando esse método a seu módulo "tradutor", já conseguiu reduzir em 30% os erros de tradução entre idiomas, e procura aplicá-lo ao reconhecimento de imagens e em robótica.

A área de "aprendizado profundo" é atualmente uma das mais ativas em ciências da computação. O nome "profundo" se refere ao emprego de várias camadas. Os assistentes virtuais por reconhecimento de voz Siri, da Apple, e Alexa, da Amazon, foram desenvolvidos por técnicas de aprendizado profundo.

19. Os mecanismos da memória

Uma das descrições literárias mais famosas da evocação de uma memória é o trecho de *Em busca do tempo perdido*, em que Marcel Proust descreve como, um dia, já adulto, ao saborear uma *madeleine* (doce em formato de concha) mergulhada em chá, tal qual sua tia lhe oferecia aos domingos ao visitá-la, muitos anos antes, quando era criança, evocou suas lembranças dessa época:

> E, como nesse divertimento japonês em que se mergulham, numa tigela de porcelana com água, pedacinhos de papel até então indistintos, mas que, assim que mergulhados, adquirem contornos e cores, se diferenciam, transformam-se em flores, casas e personagens consistentes e reconhecíveis, assim também, naquele momento, todas as flores de nosso jardim, e as do parque do Sr. Swann, e os nenúfares do Vivonne, e a boa gente da aldeia, com suas casinhas, e a igreja, e toda Combray com seus arredores, tudo isso que assume forma e solidez, emergiu, cidade e jardins, de minha taça de chá.

Há muitos tipos de memória. Ela pode ser *de longo prazo*, como aquela descrita por Proust, ou *de curto prazo*, como quando nos fornecem um número de telefone, que esquecemos logo após discá-lo. Pode ser *explícita*, como a memória de um fato novo do qual acabamos de tomar conhecimento e permanece em nossa consciência por algum tempo, ou *implícita*, como a de algo que aprendemos e utilizamos de forma não consciente – por exemplo, andar de bicicleta.

Onde e como essas memórias são armazenadas? As respostas mais completas a essas questões devem-se a Eric Kandel (Nobel de 2000). Ele obteve muitas delas estudando a lesma do mar (*Aplysia*), um animal que possui apenas ~20 mil neurônios (alguns visíveis quase a olho nu), em contraste com os nossos ~100 bilhões. Apesar disso, a *Aplysia* possui vários tipos de memórias e reflexos, o que permitiu identificar os mecanismos a eles associados.

Kandel verificou e generalizou uma conjectura do grande neuroanatomista espanhol Santiago Ramón y Cajal: a *plasticidade das sinapses*. As sinapses podem ser modificadas de uma grande variedade de maneiras, fortalecendo-as ou enfraquecendo-as, o que explica a variedade de tipos de memórias.

O exemplo mais simples é a *habituação*, o fato de que a resposta a um estímulo repetido muitas vezes, sem ter qualquer efeito importante para o organismo, acaba desaparecendo. Assim, o tique-taque de um relógio com o qual convivemos diariamente deixa de ser percebido após algum tempo.

Analogamente, a estimulação repetida de um reflexo inócuo na *Aplysia* termina por eliminá-lo. O efeito correspondente na sinapse é que o número de vesículas de neurotransmissor disponíveis (Capítulo 17) vai *diminuindo*, enfraquecendo a sinapse, até que deixa de ser suficiente para provocar o disparo de um potencial de ação.

O efeito contrário, a *sensibilização*, é exemplificado pelos célebres experimentos de Pavlov provocando reflexos *condicionados* em cães, em que associava o toque de uma campainha com a oferta de comida, até induzir a salivação do animal pelo mero toque da campainha.

Na *Aplysia*, choques na cauda acabavam condicionando um reflexo de defesa para um toque em outro local do corpo. Isso ocorria devido à existência de outro tipo de neurônio, chamado *interneurônio*, conectando os dois locais. O resultado dos choques repetidos era *aumentar* o número de vesículas liberado, fortalecendo a sinapse, efeito inverso ao da habituação. Mecanismos análogos são empregados na memória de curto prazo.

Para estabelecer memórias *permanentes* (de longo prazo), também é importante a repetição, em particular o esforço de memorização, a popular "decoreba". Até hoje sou capaz de recitar em ordem alfabética a lista de todas as preposições da língua portuguesa ("a, ante, após, até..."), que tive de aprender há bem mais de meio século. Fatores emocionais, como o receio da reprovação, também contribuem para que isso ocorra.

Onde residem as memórias permanentes? Como são estabelecidas? A resposta à primeira pergunta é simples: elas residem nos mesmos neurônios onde foram inicialmente excitadas. O mecanismo pelo qual são estabelecidas é novo: a geração de *sinapses adicionais*. Isso requer a produção de novas proteínas, ou seja, o envio de mensagens aos núcleos das células, para ativar os genes correspondentes no DNA. É a demora necessária para isso que requer a repetição prolongada.

Os detalhes do processo todo são muito técnicos para expor aqui. Mas vale a pena explicitar um pouco mais a localização das funções no *córtex* (Figura 19.1), a camada externa de revestimento do cérebro onde residem as "pequenas células cinzentas" (corpos neuronais) sempre referidas por Hercule Poirot.

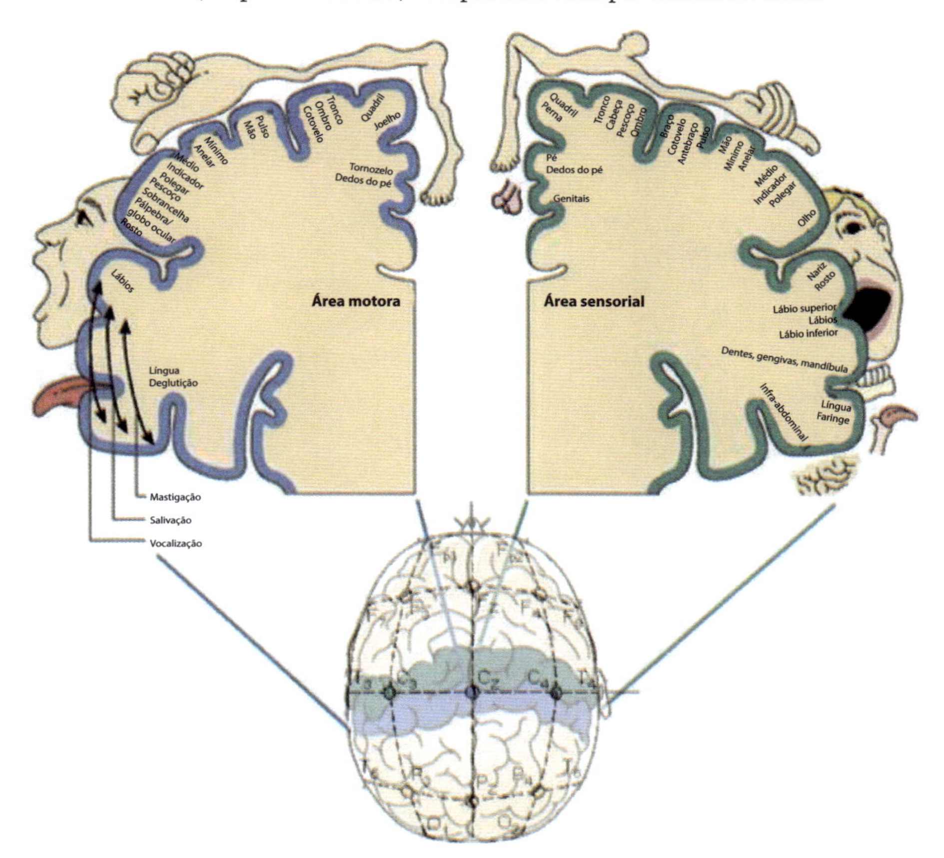

Figura 19.1 *Funções corticais*. Esse "homúnculo cerebral" representa, pelo tamanho relativo, a importância de cada uma das funções sensoriais e motoras no córtex cerebral.

Há um *córtex sensorial* associado aos órgãos dos sentidos e um *córtex motor* associado ao controle muscular. A proporção de cada um no córtex está indicada pelo tamanho correspondente nos "homúnculos" da Figura 19.1. Sinais do lado esquerdo (direito) do corpo vão para o hemisfério cerebral direito (esquerdo). Perceba a importância da mão e do rosto no controle muscular, bem como nos órgãos dos sentidos (por exemplo, do dedo polegar para o tato).

20. A consciência

Francis Crick dedicou a fase final da sua carreira ao estudo do cérebro e da consciência, um dos dois grandes temas que considerara centrais desde cedo (Capítulo 1). Em 1995, publicou um livro intitulado *A Hipótese Espantosa: A busca científica da alma*. Reproduzo a seguir seu primeiro parágrafo:

> A Hipótese Espantosa é que "Você", as suas alegrias e tristezas, as suas memórias e ambições, o seu senso de identidade pessoal e de livre-arbítrio, não são de fato nada mais do que o comportamento de um vasto conjunto de células neuronais e das moléculas associadas. Como a Alice de Lewis Carroll poderia ter enunciado: "Você não passa de um pacote de neurônios". Essa hipótese é tão alienada das ideias da maioria das pessoas atuais que pode realmente ser chamada de espantosa.

Para uma justificativa inicial da hipótese de Crick, proponho a questão: Até que ponto podemos confiar em nossa consciência? Apresento a seguir vários exemplos de como ela nos ilude.

Exemplo 1. O ponto cego na retina

Na figura que representa o olho humano (Figura 18.1), o "disco ótico" marca a inserção do nervo ótico na retina. É uma região desprovida de receptores, de forma que deveria aparecer como uma mancha escura em nossa visão. Por isso, é chamada de "ponto cego".

Figura 20.1 O ponto cego na retina.

Para verificar a existência dele, com seu nariz centrado na linha divisória da Figura 20.1, tampe o olho esquerdo e fixe a vista na cruz à esquerda da Figura 20.1, percebendo o círculo à direita, mas sem olhar para ele. Aproxime e afaste seu rosto *lentamente*. Você atingirá uma distância em que o círculo desaparece e *seu cérebro preenche* o campo direito em amarelo. Sem mudar de posição, feche o olho direito e abra o esquerdo. Você perceberá que é a cruz à esquerda que desaparece, mantendo o campo verde.

Por que não percebemos o ponto cego em nossa visão normal? É porque o cérebro nos engana, preenchendo-o com informação dos campos adjacentes na retina e também do outro olho. A sua consciência não é tão confiável como você imaginava!

Mais um exemplo em nossa visão normal: a imagem do que vemos, projetada em nossa retina, é invertida, como uma imagem projetada numa câmera escura e pela mesma razão. Por que não vemos o mundo de cabeça para baixo? Porque o nosso cérebro endireita a imagem!

Exemplo 2. Ilusões de ótica

A Figura 20.2 ilustra a clássica ilusão de ótica da sombra num tabuleiro de xadrez. Nosso julgamento sobre qual dos quadrados A e B é mais escuro é influenciado pela proximidade de outros quadrados claros e escuros e pela experiência passada de nosso cérebro com contrastes e sombras. Embora à esquerda A pareça ser bem mais escuro, verifica-se à direita, mascarando a vizinhança, que os tons de cinza são iguais. Isole a região entre as barras verticais olhando para ela entre as palmas das suas mãos, para encobrir o resto do tabuleiro.

Figura 20.2 A ilusão da sombra no tabuleiro. À esquerda, o quadrado A parece bem mais escuro que B. À direita, mascarando o efeito da vizinhança, verifica-se que A e B têm o mesmo tom de cinza.

Para observar outros belos exemplos, em cores, de ilusões de ótica clássicas, acompanhadas de explicações sobre como e porque nosso sistema visual e o cérebro nos enganam, não deixe de ver o site do MIT https://visme.co/blog/best-optical-illusions/. Para rever esta e ver também um catálogo de muitas outras ilusões de ótica, consulte o site da Wikipedia: https://en.wikipedia.org/wiki/Optical_illusion.

Exemplo 3. Membros fantasmas

Pessoas que tiveram um membro amputado com frequência sentem dores fortes no membro inexistente. Examinando nos anos 1990 um paciente com esse problema, o neurocientista V. S. Ramachandran verificou que, quando tocava o *rosto* do paciente com um chumaço de algodão, o paciente sentia dor num dedo da mão amputada.

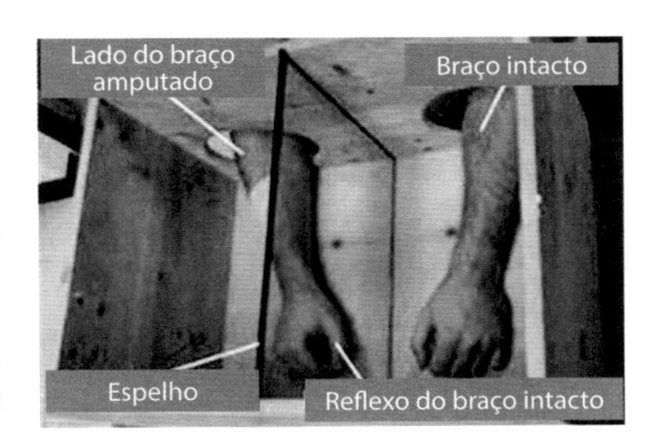

Figura 20.3 *Caixa de espelho*. A tendência atual é de atribuir o comprovado efeito curativo deste método à atuação de *neurônios-espelho*.

No córtex sensorial (Figura 19.1), as áreas associadas ao rosto e aos dedos da mão são contíguas. Isso sugeriu a Ramachandran a possibilidade de empregar a *plasticidade* do córtex sensorial para aliviar a dor do membro fantasma. Para isso, construiu uma caixa com uma partição, onde montou um espelho (Figura 20.3). O paciente inseria o braço amputado atrás do espelho, onde não podia vê-lo, mas via a imagem especular do braço sadio. Ele sentia que o braço amputado reproduzia movimentos do braço sadio. Essa ilusão aliviava ou suprimia a dor.

Estudos mais recentes consideram a hipótese de Ramachandran simplificada demais. Segundo esses estudos, a eficácia do método resulta em parte da contribuição dos *neurônios-espelho*, identificados recentemente, cuja excitação é provocada pela imitação de movimentos observados em outra pessoa.

Exemplo 4. Se eu fosse você

O neurocientista sueco Henrik Ehrsson utiliza recursos de *realidade virtual* para produzir ilusões relacionadas com a consciência do "eu" – do próprio corpo. Numa delas, uma pessoa sentada usa óculos de projeção que exibem a imagem de suas costas filmadas por uma câmera enquanto o experimentador lhe espeta o peito – ao mesmo tempo que faz o gesto de espetar a câmera (Figura 20.4).

A pessoa sentada tem a sensação nítida de que o seu corpo real está flutuando alguns metros atrás dela. Vê a mão do experimentador e sente seu próprio peito sendo espetado. A sensação é tão forte que, quando o experimentador ameaça lhe espetar o peito com uma faca, a pessoa se encolhe e sua frio. Não é incomum que usuários de drogas tenham a sensação de estar flutuando acima do próprio corpo.

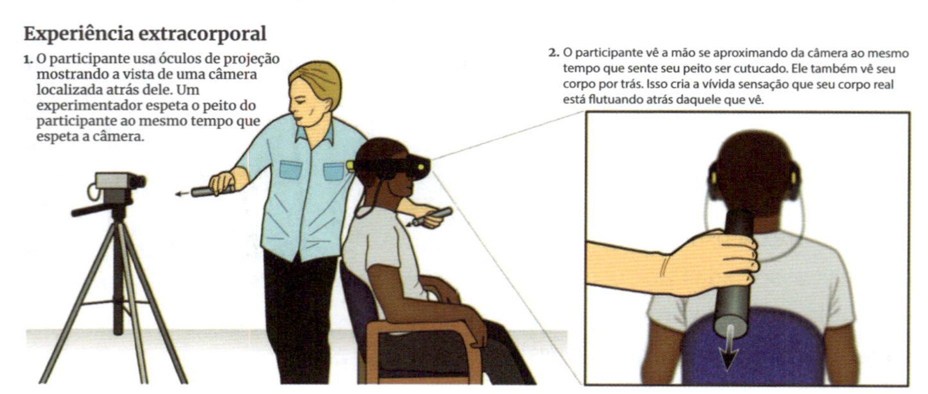

Figura 20.4 – Sensação extracorporal.

Em outro experimento, uma pessoa se vê no corpo de outra (até mesmo de sexo oposto) e se vê também apertando as mãos com seu corpo real! Em mais outros, a sensação é de ter encolhido para o tamanho de um boneco ou crescido qual um gigante, como em *Alice no País das Maravilhas*.

Ehrsson interpreta esses resultados em termos da representação que criamos do nosso corpo, por meio de circuitos neuronais que integram informações sensoriais e motoras para produzir a sensação do "eu". Essa sensação é a base de nossa consciência. Os resultados expostos fortalecem a "hipótese espantosa" de Crick.

21. Livre-arbítrio?

Tendemos a acreditar que nossas ações conscientes são voluntárias, que temos liberdade de decisão (livre-arbítrio) para praticá-las ou não. A lei penal distingue entre crime *culposo* (cometido intencionalmente) e crime *doloso* (sem intenção prévia, ou seja, involuntário). O controle consciente de nossa vontade é frequentemente identificado como árbitro da consciência do nosso "eu".

Até que ponto nossas decisões são conscientes? O grande matemático Henri Poincaré conta como obteve um de seus resultados mais importantes durante uma viagem de lazer. Ele apareceu de súbito na sua mente, no instante em que estava subindo num ônibus, e só pôde verificar que era correto muito mais tarde. Ele comenta: "O mais impressionante foi essa iluminação súbita, resultado de um longo esforço prévio inconsciente. O papel do inconsciente na invenção matemática me parece incontestável" (Poincaré, 1908).

Como vários outros cientistas, eu também tive experiências análogas. Depois de muitas tentativas infrutíferas, ao "dormir sobre um problema", a solução me apareceu quando despertei no dia seguinte. Um dos papéis bem conhecidos do sono é promover uma consolidação de ideias.

Em 1983, Benjamin Libet mediu o "potencial de prontidão" (um sinal no eletroencefalograma) no córtex motor de um paciente solicitado a movimentar sua mão e comparou-o com o instante em que o paciente relatou ter percebido que havia decidido executar esse movimento. O resultado foi surpreendente: o sinal no cérebro se iniciava cerca de 200 ms (1/5 de segundo) *antes* que o paciente tomasse consciência de sua decisão!

Um estudo análogo de 2011, com eletrodos implantados na área motora do cérebro sondando 256 neurônios, concluiu que era possível predizer quando ia ocorrer a decisão, com 80% de certeza, até 700 ms antes que ela se tornasse consciente.

Como resposta a críticas de que os testes só tinham sido realizados com decisões motoras simples, foi realizado em 2013 um teste associado a uma decisão intelectual mais complexa. Os participantes, confrontados com uma sucessão de imagens mostrando cinco dígitos, rotuladas com uma letra para identificação, tinham de escolher dois dos cinco dígitos e decidir se iam somar ou subtraí-los. Três imagens mais adiante, eram exibidas respostas possíveis, e o participante devia indicar qual delas escolhera.

A Figura 21.1 mostra o teste e a resposta neuronal no córtex pré-frontal, com a linha final marcando o instante em que tomavam consciência da decisão. Vemos que é possível predizer esse instante com 4 segundos de antecedência.

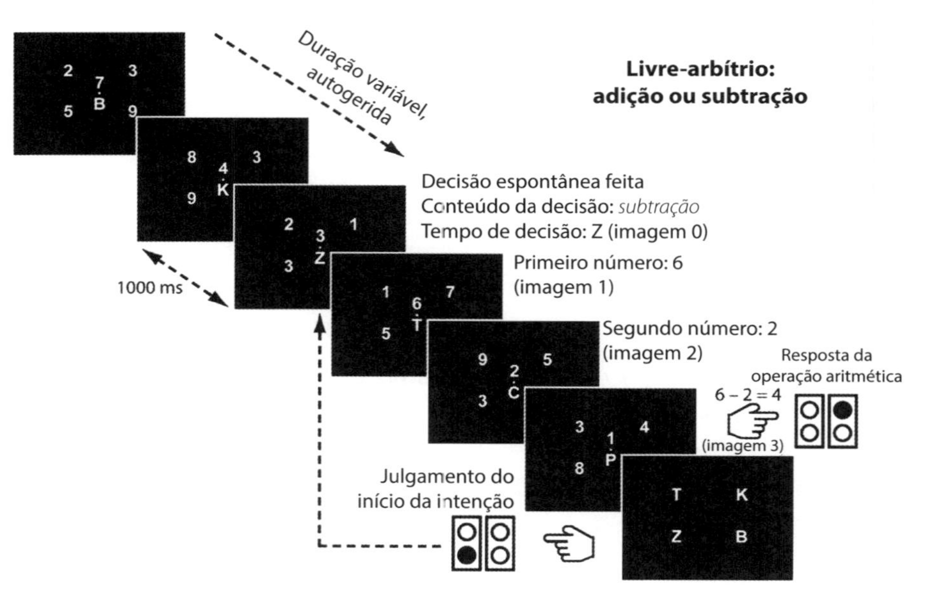

Figura 21.1 Teste do livre arbítrio. Os autores utilizaram este método para medir o tempo decorrido entre o instante em que a decisão é tomada e o instante em que a pessoa se conscientiza de tê-la tomado. Verificaram ser possível predizer a decisão quatro segundos antes de a pessoa se conscientizar dela.

Que vantagens evolutivas apresenta uma resposta imediata inconsciente? Basta lembrar o que acontece quando, sem querer, aproximamos a mão da chapa quente de um forno. Uma fração de segundo de antecedência na resposta faz toda a diferença entre prevenir ou não uma queimadura grave.

Em *Como eu vejo o mundo*, Einstein afirma que não acredita no livre-arbítrio, citando a opinião de Schopenhauer: "um homem pode fazer o que quer, mas não querer o que quer". Esse ponto de vista é compartilhado por grande parte dos neurocientistas – *a maioria das operações do cérebro é inconsciente.*

Nesse caso, podemos perguntar: para que serve a consciência? Os neurocientistas Jean-Pierre Changeux e Stanislas Dehaene propõem que a consciência tem um papel organizador e sintetizador da miríade de informações no cérebro, permitindo a permanência na memória daquilo que é mais relevante, o planejamento e a comunicação com nossos semelhantes, papel social importante.

Eles sugerem o modelo de um "espaço de trabalho global", ilustrado na Figura 21.2, para o relacionamento entre a consciência e outros componentes do sistema nervoso central. Contribuem para ele, filtrados através de redes de processamento prévio, sistemas de atenção, percepção, avaliação e memória de longo prazo (passado), e a resposta (sistemas motores) influencia o futuro.

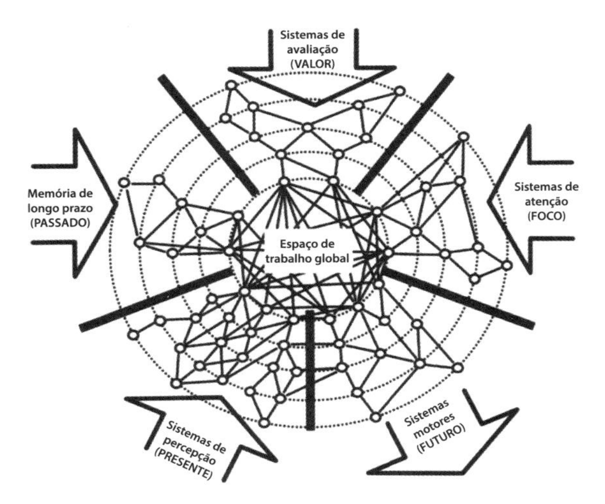

Figura 21.2 O espaço de trabalho neuronal global. Segundo essa teoria, o que experimentamos como consciência é o compartilhamento global de informação no cérebro. O cérebro contém dezenas de centros de processamento locais, representados por círculos na figura, cada um deles especializado em um tipo de operação. O *espaço de trabalho global* permite que compartilhem os resultados.

Regiões distantes do cérebro, interligadas através de uma rede de neurônios fortemente interagentes, possivelmente sincronizados, geram uma "transição de fase" (bifurcação), típica de sistemas complexos, criando uma espécie de avalanche de ativação, a "iluminação súbita" descrita por Poincaré. Como resultado, a informação é *compartilhada através do córtex*.

Uma verificação experimental dessa ideia obtida recentemente está reproduzida na Figura 21.3. Ela se baseia numa medida (wsmi = *weighted symbolic mutual information*) do grau de compartilhamento de informação entre dois sítios diferentes num encefalograma, em que a escala de cores mede a intensidade desse compartilhamento. Ela permite distinguir entre os estados vegetativo, minimamente consciente, consciente e sadio de um paciente, o que tem grande importância clínica.

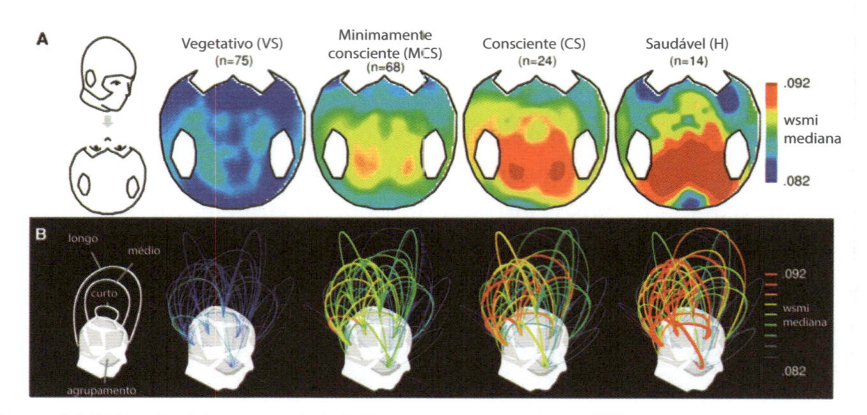

Figura 21.3 Distribuição cortical de informação e grau de consciência.

A origem inconsciente das decisões poderia ser invocada como justificativa por criminosos? Em sua sátira sobre o país utópico "Erewhon" (um anagrama da palavra: *Nowhere*), Samuel Butler descreve a inversão dos conceitos de doença e crime. Nesse país, doentes são responsabilizados pelas doenças que adquirem – um tuberculoso é condenado à prisão perpétua – ao passo que criminosos são enviados a clínicas de recuperação.

Independentemente de argumentos morais, pode-se justificar a prisão de um criminoso para evitar os perigos potenciais que sua liberdade poderia trazer para a sociedade, da mesma forma que se coloca em quarentena uma pessoa com uma doença contagiosa grave.

Parte IV

Para onde vamos?

22. Por que não somos imortais?

Diversos bilionários do Vale do Silício, incluindo os CEOs do Google e da Amazon, estão investindo pesado na busca por um elixir da longa vida. O elixir da longa vida ou da imortalidade é um mito de várias civilizações desde a Antiguidade. A expectativa média de vida na pré-história era inferior a 30 anos, mas os avanços da medicina já a trouxeram para a casa dos 80 anos em países desenvolvidos. Será que a morte é inevitável? Refiro-me aqui à morte *natural* por envelhecimento, excluindo outras causas.

Em seu livro *O gene egoísta*, Richard Dawkins sugere que podemos pensar nos genes como imortais: um organismo vivo é apenas um veículo para transmissão de seus genes entre gerações. De certa forma, também as bactérias são imortais, porque vão gerando clones por fissão binária enquanto encontrarem nutrientes. Analogamente, há células humanas imortais, como as cepas celulares HeLa, cultivadas e usadas até hoje em laboratórios. O nome vem de Henrietta Lacks, que morreu em 1951 de câncer. Culturas celulares de uma biópsia extraída de seu tumor foram (sem sua autorização) e continuam sendo preservadas. O preço dessa "imortalidade" é o caráter tumoral das células!

Um modelo para a *duração média da vida* de mamíferos, a qual varia em muitas ordens de grandeza, desde camundongos até elefantes, foi proposto por Geoffrey West, James Brown e Brian Enquist, ajustando-a a *leis de escala*, variando como *potências da massa corporal*, com expoentes 1/4. Medida em número de batimentos cardíacos, a duração média resulta ser de ~1,5 bilhão (o coração de bebês e animais pequenos bate mais rápido). É o mesmo número para um camundongo, você ou uma baleia! Os autores propõem uma explicação baseada no caráter ramificado fractal das redes de transporte vascular e respiratória, mas esse modelo ainda é bastante contestado.

Uma candidata animal à imortalidade é a *Hydra* (Figura 22.1). Encontrada em hábitats de água doce, como lagoas e riachos, seu corpo cilíndrico tem ~1 cm de comprimento. É certo que sua vida não é muito inspiradora: ela passa o tempo aguardando que organismos aquáticos dos quais se alimenta passem ao seu alcance para capturá-los.

Figura 22.1 Hydra. Para ver uma *Hydra* se alimentando de um pulgão de água, acesse o link http://livro.link/144515.

Como a mítica Hidra de Lerna, ela tem notável capacidade de regeneração. Se for cortada ao meio, a cabeça regenera a extremidade inferior e vice-versa. Uma suspensão de suas células consegue recompô-la. Estudada ao longo de anos, não mostrou qualquer indício de envelhecimento. O segredo da *Hydra*, que nos fornece uma das pistas sobre senescência, parece ser um grande estoque de células-tronco.

Um dos fatores responsáveis pelo envelhecimento pode ser o *vazamento de radicais livres* (espécies atômicas ou moleculares fortemente reativas) pela cadeia respiratória das mitocôndrias. Esses radicais podem ter efeitos tóxicos sobre o DNA. Isso indica que a endossimbiose entre *Archaea* e bactérias, da qual se originaram as mitocôndrias, não escapa do adágio de que não existe almoço grátis.

O fator que parece ser o mais importante para a senescência é o progressivo encurtamento dos *telômeros*. Telômeros são regiões do DNA formadas por sequências repetitivas de nucleotídeos (milhares de repetições) em ambas as extremidades de cada cromossomo. Para mamíferos, a sequência é TTAGGG. A Figura 22.2 é uma imagem de cromossomos em que os telômeros aparecem como pontos brilhantes.

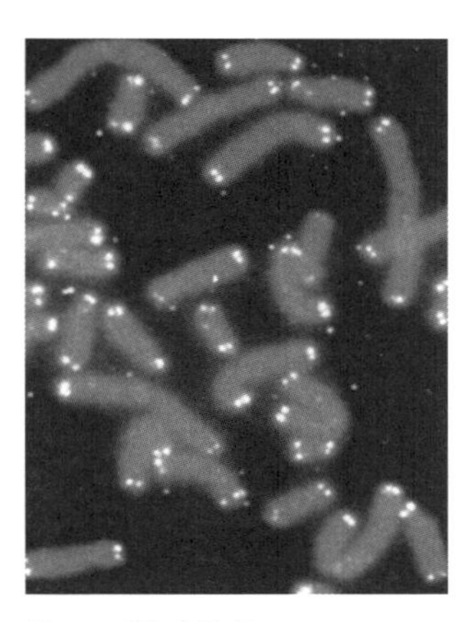

Figura 22.2 Telômeros.

Os telômeros podem ser comparados às ponteiras de plástico colocadas na extremidade dos cadarços de tênis para impedir que se desfiem. Eles protegem os cromossomos, evitando sua fusão com os vizinhos no DNA. Quando o DNA se duplica na divisão celular, o DNA polimerase não consegue continuar copiando cada cromossomo até o fim de suas extremidades. Assim, os telômeros vão se encurtando a cada divisão, até desaparecerem, o que acaba levando à eliminação da célula. O número máximo de divisões celulares varia entre ~50 e ~70. Assim, os telômeros são uma espécie de bomba-relógio, cujos tique-taques marcam as divisões sucessivas das células.

Nas células cancerosas, porém, isso não acontece, permitindo que se dividam indefinidamente, invadindo o organismo. Como isso acontece? Elas possuem uma enzima, a *telomerase*, que restaura os telômeros. O mesmo se aplica às células germinativas. Assim, o encurtamento dos telômeros com a senescência também serve como proteção contra o câncer. A descoberta da telomerase por Elizabeth Blackburn, Carol Greider e Jack Szostak foi premiada com o Nobel em 2009.

Blackburn é uma das autoras do livro *The Telomere Effect*, em que ela apresenta como os telômeros são sensíveis ao nosso estilo de vida. Eles se encurtam quando sofremos efeitos de estresse ou depressão, mas tendem a se alongar quando levamos uma vida saudável, em termos de exercício e dieta, conforme recomendado pelos médicos.

O encurtamento dos telômeros também dificulta a capacidade das células-tronco de regenerar os tecidos – a qual, como vimos, explica de que forma a *Hydra* evita a senescência.

A tentativa de empregar a telomerase como elixir da longa vida pode ser um pacto faustiano com o demônio, convertendo células normais em cancerígenas. Isso também se aplica aos riscos das terapias com células-tronco. Conforme já mencionei, a senescência funciona como uma forma de proteção das células, à medida que envelhecem, contra o câncer.

Num sentido mais amplo, a pergunta "Para onde vamos?" se aplica também à raça humana e à ameaça de extinção ante uma catástrofe nuclear ou o aquecimento global – agravada pela recente eleição presidencial nos Estados Unidos, de 2016. Infelizmente, a migração em massa para um refúgio extraterrestre ainda permanece nos domínios da ficção científica.

Parte V

Maravilhosa, mas não miraculosa

23. *Le hasard et la nécessité*

O título acima, em português: "O acaso e a necessidade", vem do livro em que Jacques Monod expõe sua visão sobre como a vida funciona, sintetizando os papéis complementares da ordem determinista de um relógio e do acaso probabilista de uma roleta.

A *ordem* está embutida no genoma, a coleção de todos os roteiros para o desenvolvimento das células e para a transmissão da herança genética. Está armazenada nas moléculas de que os organismos se alimentam, produzidas capturando a radiação solar. Torna-se aparente na estrutura das MMM, as máquinas moleculares maravilhosas que orquestram o metabolismo celular.

O *acaso*, manifestado por flutuações, modifica o genoma (mutações). O caos molecular é a origem do movimento browniano, graças ao qual as proteínas funcionam como demônios de Maxwell. O acaso também pode ter sido responsável pela origem dos eucariontes, talvez um evento único na história da vida terrestre. Vimos que também é importante para a geração de diversidade pela roleta genética na imunidade natural.

Os seres vivos acumulam os efeitos da seleção natural ao longo de bilhões de anos. São afetados por um ambiente em constante mutação, que inclui influências externas astronômicas, como meteoros, mas também contribuem para modificar esse ambiente, como na oxigenação da atmosfera pelas cianobactérias.

A complementaridade entre ordem e acaso, como comentamos no Capítulo 1, também aparece no parágrafo final da obra mestra de Darwin: o relógio anual da revolução da Terra em torno do Sol marca a evolução de "infindáveis formas de vida, das mais belas e maravilhosas".

É extremamente difícil levar em conta essa mistura de caos e ordem, de interações individuais e coletivas, de mudanças ambientais durante toda a história da Terra, aplicando o método reducionista da física. Pode-se considerar que a primeira lei da ecologia é: "Tude depende de tudo".

A teoria de sistemas complexos adaptativos parece ser a mais apropriada de que dispomos para descrever o funcionamento da vida. Uma das propriedades características de um sistema complexo é a *criticalidade auto-organizada*, o surgimento espontâneo de propriedades coletivas emergentes, muitas vezes inesperadas. O físico e laureado com o Prêmio Nobel, Philip W. Anderson, enfatizou as limitações do reducionismo e caracterizou uma tal bifurcação (que generaliza transições de fase como a conversão da água líquida em vapor) com uma frase famosa: "Mais é diferente".

Também é característico o surgimento num sistema complexo de correlações de longo alcance espacial e temporal, incluindo explosões de atividade conhecidas como *avalanches*, bem como de comportamentos fractais. O estado crítico constitui a fronteira de uma transição entre ordem e desordem.

O modelo de Changeux e Dehaene para o surgimento da consciência no cérebro fornece um exemplo. Uma análise de flutuações de nossa atividade cerebral quando estamos em repouso, feita pelo grupo do físico Dante Chialvo é consistente com um *estado criticamente auto-organizado*. Isso faria sentido do ponto de vista evolutivo, porque representa a fronteira entre um estado suficientemente ordenado para assegurar um funcionamento coerente e uma transição rápida para a flexibilidade, como resposta a mudanças bruscas no ambiente. Avalanches neuronais também têm sido detectadas, e obedecem às leis de escala fractais típicas da criticalidade auto-organizada.

Uma demonstração extraordinária da auto-organização característica da vida é o experimento de visualização da gastrulação na morfogênese de camundongo, ilustrada na Figura 15.3.

O caráter "adaptativo", evolutivo, de um sistema complexo é crucial, representativo da genial percepção de Darwin. A catraca browniana é um *motor darwiniano*, que seleciona as flutuações mais favoráveis. Conforme foi salientado por François Jacob, a evolução não se comporta como um engenheiro, que planeja o que vai produzir. A evolução, diz Jacob, comporta-se mais como um faz-tudo, que aproveita recursos já armazenados para conferir-lhes novas funções: aproveita uma velha roda de bicicleta para fabricar um ventilador. Analogamente, a evolução converte escamas de dinossauros em plumas de pássaros. Como Jacob também salienta, o fato de que uma massa de dezenas de bilhões de neurônios possa produzir uma sonata de Mozart ou a teoria da relatividade geral é muito mais extraordinário do que qualquer novela ou obra de ficção científica.

24. A vida é uma maravilha, mas não é um milagre

La vie a beaucoup plus d'imagination que nous.
François Truffaut

Prometi no primeiro capítulo tratar de convencer os leitores da validade do título deste último. Espero ter atingido esse objetivo.

Simon Stevin foi um matemático flamengo do século XVI. Bem antes de Galileu e Newton, explicou a lei do equilíbrio de pesos desiguais sobre um plano inclinado com o diagrama da Figura 24.1. O colar de contas sustenta um peso de um lado com a metade do peso no outro, exemplificando a lei de que os pesos em equilíbrio são proporcionais ao comprimento dos lados.

Figura 24.1 O epitáfio de Stevin. Veja uma representação dele em vídeo no site http://livro.link/144518.

Stevin argumenta que, caso não estivessem em equilíbrio e, por exemplo, o colar rolasse para a esquerda, ele reproduziria a configuração anterior, de forma que o movimento não teria fim (moto perpétuo). É notável que ele tenha, assim, antecipado ideias fundamentais da física, como o papel da simetria e a lei de conservação da energia. A inscrição no alto, "*Wonder en is gheen wonder*", significa "É maravilhoso, mas não é milagroso". Essa figura foi reproduzida no epitáfio de Stevin.

Em seu tratado de física, Richard Feynman comenta: "Se você tiver um epitáfio como esse, terá se dado bem". Meus melhores votos de que você consiga!

Créditos das figuras

Figura 1.1 – Wikimedia Commons, <https://commons.wikimedia.org/wiki/File:Paul_Gauguin_142.jpg>.

Figura 1.2 – Richard Leakey e Roger Lewin, *Origins*. Penguin Books, New York (1991).

Figura 1.3 – Foto Arena.

Figura 1.4 – Zephyris Wikipedia.

Figura 1.5 – Codons sun ("codesonne" in german); shows which base sequence encodes which amino acid, Wikimedia Commons, <https://commons.wikimedia.org/wiki/File:Aminoacids_table.svg>.

Figura 1.6 – James D. Watson e Andrew Berry, *DNA: The Secret of Life*. Alfred A. Knopf, New York (2017).

Figura 2.1 – <https://genius.com/Biology-genius-the-central-dogma-annotated>.

Figura 2.2 – Deborah S. Kelley, University of Washington IFE URI-IAO NOAA.

Figura 2.3 – Deborah S. Kelley et al., *Science* 307 (2005) 1428.

Figura 2.4 – NASA/JPL-Caltech/Southwest Research Institute, <https://www.jpl.nasa.gov/spaceimages/details.php?id=PIA21442>.

Figura 3.1 – L. E. Orgel. Are you serious, Dr Mitchell? *Nature*, v. 402, n. 17, (1999), <https://www.nature.com/articles/46903>.

Figura 3.2 – Tomas Kellner, GE Reports.

Figura 4.1 – Pinterest.

Figura 4.2 – <http://www.growingpassion.org>.

Figura 4.3 – TedE, Wikimedia Commons.

Figura 5.1 – Russell Hertz McMillan, *Biology*, Nelson Education Ltd. (2011).

Figura 5.2 – Google Slide Player.

Figura 5.3 – Russell Hertz McMillan, *Biology*, Nelson Education Ltd. (2011).

Figura 5.4 – Russell Hertz McMillan, *Biology*, Nelson Education Ltd. (2011).

Figura 5.5 – <https://en.wikipedia.org/wiki/Template:Life_timeline>.

Figura 6.1 – T. D. Pollard e R. D. Goldman, eds, *The Cytoskeleton*, CSHP, Cold Spring Harbor (2017).

Figura 6.2 – T. D. Pollard e R. D. Goldman, eds, *The Cytoskeleton*, CSHP, Cold Spring Harbor (2017).

Figura 6.3 – Bruce Alberts, *Essential Cell Biology*, Garland Science, New York (2010).

Figura 7.1 – Bruce Alberts, *Essential Cell Biology*, Garland Science, New York (2010).

Figura 7.2 – R. D. Vale and R. A. Milligan, *Science* 288 (2000) 88.

Figura 7.3 – N. Kodera and T, Ando *Bioph. Rev.* 6 (2014) 237.

Figura 8.1 – <www.daviddarling.info>.

Figura 8.2 – A. E. Cohen, "Trapping and manipulating single molecules in solution", Ph.D. thesis, Stanford University (2007).

Figura 8.3 – Wikimedia Commons. User: Htkym.

Figura 8.4 – R. P. Feynman, R.B. Leighton, M. Sands, *The Feynman Lectures on Physics*, vol. 1. Addison-Wesley, Reading (1964).

Figura 9.1 – *Nature Photonics* 5 (2011) 316.

Figura 9.2 – CBS Photo Archive.

Figura 9.3 – Wikimedia Commons (Locke 83).

Figura 9,4 – Adaptada de K. Visscher, M. J. Schnitzer & S. M. Block, *Nature* 400 (1999) 184.

Figura 10.1 – Free Cartoon Graphics.

Figura 10.2 – D. Richfield, Medical gallery of David Richfield, *WikiJournal of Medicine*, v. 1, n. 2 (2014), Wikimedia Commons, DOI:10.15347/wjm/2014.009.

Figura 10.3 – Gerald Karp, *Cell and Molecular Biology: Concepts and Experiments.* John Wiley, New York (2010).

Figura 10.4 – D. Voet & J. G. Voet, *Biochemistry*, 2nd ed., John Wiley & Sons, Inc. (1995).

Figura 10.5 – A. Ishijima & T. Yanagida, *TRENDS in Biochemical Sciences* 26 (2001) 438.

Figura 11.1 – P. Boyer, *Nature* 402 (1999) 247.

Figura 11.2 – M. Yoshida, E. Muneyuki and T. Hisabori, *Nature Reviews | Molecular Cell Biology* 2 (2001) 669.

Figura 11.3 – H, Noji, R. Yasuda, M. Yoshida and K. Kinosita, *Nature* 386 (1997) 299.

Figura 11.4 – H. C. Berg, *Physics Today* 53 (2000) 29.

Figura 12.1 – AFP Brasil.

Figura 12.2 – Jacques Monod, *Science, New Series*, 154 (1966), 475.

Figura 12.3 – <https://www.nobelprize.org/uploads/2018/06/monod-lecture.pdf>.

Figura 13.1 – Nature Education.

Figura 13.2 – Bruce Alberts, *Essential Cell Biology*, Garland Science, New York (2010).

Figura 13.3 – <https://www.nature.com/scitable/topicpage/dna-transcription-426#>.

Figura 14.1 – <https://commons.wikimedia.org/wiki/File:Peptide_syn.png>.

Figura 14.2 – <https://www.nobelprize.org/prizes/chemistry/2009/prize-announcement/>.

Figura 14.3 – <http://cnx.org/content/m44402/latest/?collection=col11448/latest>.

Figura 14.4 – <http://bodyforhealth.science/diagram-of-a-cell/>.

Figura 15.1 – KAP, Biology Department, Kenyon College, *Chapter 12B: Overview of Development: Vertebrate development: Frogs and humans*, <http://biology.kenyon.edu/courses/biol114/Chap12/Chapter_12b2.html>.

Figura 15.2 – C. E. Murry and G. Keller, *Cell* 132 (2008) 661.

Figura 15.3 – The Inter Group (TIG).

Figura 15.4 – Wikimedia Commons, PhiLiP, <https://commons.wikimedia.org/wiki/File:Hoxgenesoffruitfly.svg>.

Figura 15.5 – J. L. Maître et al., *Nature* 536 (2016) 344.

Figura 15.6 – K. McDole et al., *Cell* (2018), <https://doi.org/10.1016/j.cell.2018.09.031>.

Figura 16.1 – Kenneth Murphy, *Janeway's Immunobiology*. Garland Science, New York (2011).

Figura 16.2 – M. Thielking, *Vox* (2015), <https://www.vox.com/2015/3/3/8142089/allergy-treatments-research>.

Figura 17.1 – Per Brodal, *The Central Nervous System*. Oxford University Press, Oxford (2010).

Figura 17.2 – Per Brodal, *The Central Nervous System*. Oxford University Press, Oxford (2010).

Figura 17.3 – Per Brodal, *The Central Nervous System*. Oxford University Press, Oxford (2010).

Figura 17.4 – Per Brodal, *The Central Nervous System*. Oxford University Press, Oxford (2010).

Figura 17.5 – Peter J. Russell, Paul E. Hertz e Beverly McMillan, *Biology The Dynamic Science*. Brooks/Cole Cengage Learning (2012).

Figura 17.6 – Y. Kim et al., *Science*, 360 (2018) 998.

Figura 18.1 – Rhcastilhos e Jmarchn, Diagrama esquemático do olho humano em português, Wikimedia Commons, <https://commons.wikimedia.org/wiki/File:Schematic_diagram_of_the_human_eye_pt.svg>.

Figura 18.2 – Anatomia do Corpo Humano, *Retina – Camadas – Anatomia do Olho Humano*, <http://www.anatomiadocorpo.com/visao/olho-humano-globo-ocular/retina/>.

Figura 18.3 – Per Brodal. The Central Nervous System. Oxford University Press, Oxford (2010).

Figura 18.4 – Z. Liposits, *Cytoarchitecture of cerebral cortex* (2016), <https://healthdocbox.com/Epilepsy/65776713-Cytoarchitecture-of-cerebral-cortex.html>.

Figura 19.1 – C. C. J. M. de Klerk e M. H. Johnson, *Developmental Cognitive Neuroscience*, (2015).

Figura 20.1 – *Visionary Eyecare's Blog: "The Eye Journal"*, <https://visionaryeyecare.wordpress.com/2008/08/04/eye-test--find-your-blind-spot-in--each-eye/>.

Figura 20.2 – http://persci.mit.edu/gallery/checkershadow/download.

Figura 20.3 – Case of the Phantom Limb, *Daily Mirror*, 13 Oct. 2017, <http://www.dailymirror.lk/medicine/Case-of-the-Phantom-Limb/308-138410>.

Figura 20.4 – E. Yong, *Nature*, (2011). <https://www.nature.com/news/out-of--body-experience-master-of-illusion-1.9569>.

Figura 21.1 – C. S. Soon et al., *PNAS* (2013).

Figura 21.2 – Stanislas Dehaene, *Consciousness and the Brain: Deciphering How the Brain Codes Our Thoughts*. Penguin Books, New York (2014).

Figura 21.3 – J-R King et al., *Current Biology* 23 (2013) 1914.

Figura 22.1 – Frank Fox, Wikimedia Commons, <https://commons.wikimedia.org/wiki/File:Mikrofoto.de-Hydra_15.jpg>.

Figura 22.2 – Telomere caps, Wikimedia Commons, <https://commons.wikimedia.org/wiki/File:Telomere_caps.gif>.

Figura 24.1 – Stevin Wonder, Wikimedia Commons, <https://commons.wikimedia.org/wiki/File:Stevin.Wonder.png>.

Glossário

Acetil-CoA – O acetil-coenzima A resulta da ligação covalente de um grupo *acetilo* à *coenzima A*. Está relacionado com o ácido acético (vinagre) e, na respiração celular, participa no ciclo do ácido cítrico (*ciclo de Krebs*).

Actina – Família de proteínas que existe em forma globular como monômero (actina G) e em forma polimérica como *microfilamento* (actina F). Tem importância fundamental em muitas funções celulares, como motilidade, contração muscular e divisão celular.

Aminoácido – Composto orgânico de C, H, N e O, que contém um grupo *amina* (NH_2), um grupo *carboxila* (COOH) e uma *cadeia lateral* variável, específica de cada aminoácido. Somente os vinte *aminoácidos principais* são usados nas proteínas.

Anticorpo – Também conhecido como *imunoglobulina* (Ig), é uma proteína grande, com formato de Y, empregada pelo sistema imune para neutralizar patógenos como bactérias e vírus.

Antígeno – Corpo estranho que, ao penetrar num organismo, provoca uma resposta imune.

ATP (*ADP*) – A adenosina trifosfato (difosfato) é formada pela base adenina ligada ao açúcar ribose e a três (ou dois) grupos fosfato. É a "unidade monetária" das trocas de energia nas células.

Axônio – Projeção longa de um neurônio através da qual são transmitidos sinais para outras células, como outros neurônios ou células de músculos.

Base – Molécula contendo nitrogênio, ligada a um nucleotídeo nos ácidos nucleicos. No DNA, são as *purinas adenina* (A) e *guanina* (G) e as *pirimidinas citosina* (C) e *timina* (T). No RNA, a timina é substituída pelo *uracilo* (U).

Bit – Unidade de informação. Abreviação de *dígito binário*. Pode ser representado pelos valores 0 ou 1.

Blástula – Na embriogênese, é uma esfera oca de células embrionárias chamadas *blastômeros*, que envolvem uma cavidade interna cheia de fluido.

Canal de membrana – Proteína localizada numa membrana e que controla a passagem seletiva de moléculas ou íons através dela.

Catálise – Aumento da velocidade de uma reação química por uma molécula que não é consumida na reação. Pode, assim, continuar atuando repetidas vezes.

Células cinzentas – Células que compõem a *massa cinzenta* do cérebro, formada por corpos de neurônios e células da *glia*.

Células-tronco –Células que possuem a capacidade de se diferenciar e especializar em diversos tipos celulares.

Cianobactéria – Bactéria cuja energia é obtida por fotossíntese.

Cinesina – Proteína motora que se desloca sobre microtúbulos, transportando cargas no sentido do terminal positivo.

Citocinas – Proteínas empregadas em sinalização celular e na regulação da resposta imune.

Cloroplasto – Organela especializada das células vegetais, na qual se produz a fotossíntese.

Código genético – Conjunto de instruções para a construção de proteínas a partir de *códons* do DNA, associando códons a *aminoácidos* e a instruções para iniciar e para terminar a construção.

Códon – Tripleto de *bases*.

Córtex celular – Camada interna de actina e miosina adjacente à membrana celular e ligada a ela por proteínas. Dá sustentação à membrana e mantém a forma da célula.

Córtex cerebral – Camada mais externa do cérebro, onde se localizam as funções cognitivas mais importantes.

Criticalidade auto-organizada – Propriedade de sistemas complexos que atingem um ponto crítico análogo a uma transição de fase, sem necessidade de ajustar um parâmetro de controle.

Dendritos – Projeções ramificadas de um neurônio, que transmitem a seu corpo celular (*soma*) sinais recebidos de outros neurônios.

Despolarização – Mudança da carga elétrica no interior de um neurônio, tornando-a menos negativa, por um fluxo de íons positivos (usualmente de sódio) para dentro do neurônio, através de um *canal de membrana.*

Dineína – Proteína motora que se desloca sobre microtúbulos, transportando cargas no sentido do terminal negativo. Também é responsável pelo batimento de cílios e flagelos.

Domínios motores – Também chamados de *cabeças*, são usados pelas proteínas motoras para se deslocarem sobre filamentos. Têm uma porção que faz contato com o filamento e outra onde se aloja o ATP, que fornece energia para o deslocamento.

Eletroencefalograma – Método de visualizar a atividade elétrica do cérebro colocando eletrodos no couro cabeludo.

Emparelhamento – É a associação das bases em *pares complementares*: C com G, A com T (no DNA), A com U (no RNA). A junção entre os pares é feita por *ligações de hidrogênio.*

Endossimbiose – *Simbiose* em que um dos organismos vive dentro do outro.

Enzimas – Moléculas que aceleram as reações químicas nas células, atuando como *catalisadores.*

Estereocílios – Organelas que funcionam como transdutores dos sinais sonoros que chegam ao ouvido interno para impulsos elétricos transmitidos pelo nervo auditivo.

Eucarionte – Organismo cujas células são dotadas de um núcleo e de outras organelas envoltas por membranas.

Éxon – Parte de um gene que codifica uma proteína.

Fator de transcrição – Proteína que se liga ao DNA e regula a taxa de transcrição de genes por RNAP, ativando-a ou reprimindo-a.

Fissão binária – Reprodução de um organismo por divisão em dois (*clonagem*).

Força eletromotriz –Voltagem (diferença de potencial elétrico) produzida por uma fonte de energia elétrica.

Gastrulação – Na embriogênese, é a etapa em que a *blástula*, monocamada de células, se dobra para dentro e se converte numa estrutura multicamada, a *gástrula*, contendo a *ectoderme*, a *mesoderme* e a *endoderme*, que darão origem a diferentes órgãos e tipos de tecidos.

Genoma – O material genético de um organismo, formado pelo DNA (ou RNA para vírus RNA).

Habituação – Forma de aprendizado em que um organismo diminui sua resposta a um estímulo ou deixa de responder a ele depois de muitas repetições.

Hidrólise – Reação que rompe ligações químicas pela adição de H_2O.

Hiperpolarização – O contrário da *despolarização*. Pode resultar da entrada de íons negativos de cloro ou saída de íons positivos de potássio.

Histamina – Substância gerada por células do sistema linfático e sistema imune, cuja ação vasodilatadora facilita o acesso de células brancas para o combate a patógenos.

Histonas – Proteínas de empacotamento do DNA no núcleo em *nucleossomos*, unidades enroladas em torno das histonas como fios num carretel.

Interneurônio – Neurônio com função integradora, que funciona como ponte entre dois outros.

Íntrons – Partes de genes que não codificam proteínas.

Lac operon – É um *operon* que regula o metabolismo da digestão da lactose em bactérias quando a glicose não está disponível. Foi o primeiro mecanismo de *regulação da transcrição dos genes* descoberto por Monod e Jacob.

Ligação de hidrogênio – Junção, mediada por um átomo de hidrogênio, entre duas moléculas (ou partes de uma molécula), em que uma delas é fortemente *eletronegativa*, ou seja, tende a atrair para ela parte da nuvem de carga negativa do hidrogênio ligada à outra. É bem mais fraca que uma ligação *covalente*.

Linfócitos – Um dos tipos de células brancas do sangue, que inclui as *células T e B*, participantes na imunidade adquirida.

MHC (complexo principal de histocompatibilidade) – Conjunto de proteínas localizadas na superfície das células dos vertebrados, que permite reconhecer células invasoras, diferenciando-as daquelas do próprio organismo.

Miosinas – Família de proteínas motoras que produzem a contração muscular e participam na motilidade das células, entre outras funções importantes.

Mitocôndrias – Organelas consideradas usinas de geração de energia nas células de todos os eucariontes; geram a maior parte do ATP.

Morfógeno – Substância que se difunde através de um tecido e, por gradientes de sua concentração, pode influenciar o padrão de desenvolvimento desse tecido.

NADH (dinucleotídeo de nicotinamida e adenina) – *Coenzima* (molécula orgânica unida a uma enzima) transportadora de elétrons, que atua na *fosforilação oxidativa* (Figura 5.4).

NADPH (fosfato de dinucleotídeo de adenina e nicotinamida) – Molécula que atua na etapa final da fotossíntese (Figura 5.2), a produção de glicose.

Neurônio-espelho – Neurônio que dispara tanto quando praticamos um ato como quando vemos outra pessoa realizar o mesmo ato.

Neurotransmissores – Substâncias excitatórias ou inibidoras transmitidas através das sinapses. As principais excitatórias são *glutamato* e *aspartato*. São inibidoras *GABA* (*ácido gama-aminobutírico*), *glicina* e *taurina*. Outros exemplos são *serotonina*, *acetilcolina* e *noradrenalina*.

Nódulos linfáticos – Glândulas do sistema linfático e do sistema imune adaptativo.

Nucleotídeos – Constituintes das cadeias dos ácidos nucleicos, formados por fosfato e açúcares (desoxirribose no DNA, ribose no RNA), que se ligam a uma *base*.

Operon – Conjunto de genes no DNA controlado por um *promotor*.

pH – Medida da concentração de íons de hidrogênio (H^+) numa solução aquosa. Uma solução com pH < 7 é ácida; para pH > 7 é *básica*. A água pura é *neutra*: tem pH = 7.

Potencial de ação – Impulso elétrico de subida e descida rápidas do potencial de membrana de um axônio. O impulso se propaga ao longo dele como uma onda.

Potencial de membrana – É a diferença de potencial elétrico através de uma membrana, produzida por uma diferença de concentração de íons entre um e o outro lado dela.

Procarionte – Organismo unicelular desprovido de núcleo envolto por membrana. O nome vem de *pro* (anterior) e *karion* (núcleo).

Promotor – Região do DNA que precede um gene e funciona como uma chave para dar início a sua transcrição.

Proteína – Macromolécula biológica formada por *aminoácidos*, que desempenha as principais funções nas células.

Radical livre – Espécie atômica ou molecular que contém um elétron não emparelhado numa camada externa, tornando-a fortemente reativa.

Reator eletroquímico de fluxo – Num reator químico de fluxo contínuo, reações químicas ocorrem num fluido que circula através do reator. Numa reação eletroquímica, há efeitos de força eletromotriz, como numa bateria.

Regulação alostérica – É o mecanismo de regulação da atividade de uma enzima através da ligação de uma molécula *moduladora* num sítio diferente do *sítio ativo*, levando a uma mudança de conformação.

Retina – Estrutura em camadas no interior do olho, sensível à luz, sobre a qual a imagem formada pelo cristalino é projetada. Os receptores são os *bastonetes* e *cones*, e os sinais gerados são transmitidos para o cérebro através do nervo ótico.

Ribossomos – Organelas moleculares complexas nas quais é realizada a tradução do mRNA e a construção de proteínas.

Ribozima – Molécula de RNA capaz de atuar como *enzima*. Ribozimas participam da construção de proteínas nos *ribossomos*.

RNA de transferência (tRNA) – Molécula adaptadora que transporta para um ribossomo um aminoácido associado a um códon.

RNA mensageiro (mRNA) – Molécula de RNA criada no núcleo pela transcrição de DNA e exportada para o citoplasma para processamento por um ribossomo.

RNAP (RNA polimerase) – Enzima utilizada para a *transcrição* de genes do DNA a fim de produzir mRNA.

Rubisco – Abreviação de *ribulose-1,5-bisfosfato carboxilase oxigenase*. É a enzima mais importante nas plantas. Ela é responsável pela captura de CO_2 da atmosfera, primeiro passo do *ciclo de Calvin* da fotossíntese.

Sensibilização – Forma de aprendizado em que um organismo amplifica sua resposta a um estímulo após muitas repetições.

Simbiose – Vida em comum de dois organismos diferentes para benefício mútuo.

Sinapse – Estrutura que permite a um neurônio transmitir um sinal a outro neurônio próximo dele. Consideramos aqui as sinapses *químicas*, em que o sinal transmitido é um *neurotransmissor*.

Splicing – Mecanismo de remoção de íntrons e junção dos éxons nos precursores de RNA mensageiros (mRNA). O nome foi dado por analogia com o processo de corte e colagem na edição de fitas de vídeo.

Telomerase – Enzima empregada para alongar telômeros, agregando sequências repetitivas nas extremidades de cromossomos.

Telômeros – Regiões nas extremidades de cromossomos que contêm sequências repetitivas de nucleotídeos, protegendo-os de deterioração ou fusão com vizinhos.

Transpóson – Sequência de DNA que pode mudar de posição dentro do genoma.

Tubulina – Família de proteínas com dois membros, α e β, que se polimerizam como dímeros para formar *microtúbulos*, filamentos que desempenham papéis essenciais no citoesqueleto das células.

Zigoto – Célula formada pela fusão de dois *gametas* na reprodução sexual (esperma e óvulo para humanos).

Para saber mais

A maioria das obras só está disponível em inglês. Quando existe tradução em português, ela é mencionada entre colchetes. Livros mais avançados estão marcados com um asterisco (*).

ALBERTS, Bruce et al. *Essential Cell Biology*. New York: Garland Science, 2010.*

BAK, Per. *How Nature Works*. Oxford: Oxford University Press, 1997.

BRODAL, Per. *The Central Nervous System*. Oxford: Oxford University Press, 2010.*

BROWNE, Janet. *Charles Darwin: The Power of Place*. Princeton: Princeton University Press, 2002. [*O poder do lugar*. São Paulo: Ed. Unesp, 2011].

BROWNE, Janet. *Charles Darwin: Voyaging*. Princeton: Princeton University Press, 1995. [*Viajando*. São Paulo: Ed. Unesp, 2011].

CAREY, Nessa. *Junk DNA*. London: Icon Books, 2015.

CARROLL, Sean B. *Brave Genius: A Scientist, a Philosopher, and Their Daring Adventures from the French Resistance to the Nobel Prize*. New York: Crown Publishers, 2013.

CARROLL, Sean B. *Endless Forms Most Beautiful: The New Science of Evo Devo*. New York: W. W. Norton, 2006. [*Infinitas formas de grande beleza*. Rio de Janeiro: Zahar, 2006].

CARROLL, Sean B. *The Serengeti Rules: The Quest to Discover How Life Works and Why It Matters*. Princeton: Princeton University Press, 2016.

CARTER, Rita. *O livro do cérebro*. Rio de Janeiro: Agir, 2012.

CHIALVO, D. R. *Nature Physics* 6 (2010) online October 1.

CRICK, Francis. *The Astonishing Hypothesis: The Scientific Search for the Soul*. New York: Touchstone, 1995.

CRICK, Francis. *What Mad Pursuit: A Personal View of Scientific Discovery*. New York: Basic Books, 1988.

DAMASIO, Antonio. *O erro de Descartes*. São Paulo: Companhia das Letras, 2012.

DAMASIO, Antonio. *Self Comes to Mind*. New York: Vintage Books, 2012.

DARWIN, Charles. *The Origin of Species: 150th Anniversary Edition*. New York: Signet, 2003. [*A origem das espécies*. São Paulo: Martin Claret, 2014].

DAWKINS, Richard. *The Blind Watchmaker: Why the Evidence of Evolution Reveals a Universe without Design*. New York: W. W. Norton, 2015. [*O relojoeiro cego*. São Paulo: Companhia das Letras, 2001].

DAWKINS, Richard. *The Selfish Gene: 40th Anniversary Edition*. Oxford: Oxford University Press, 2016. [*O gene egoísta*. São Paulo: Companhia das Letras, 2007].

DEHAENE, Stanislas. *Consciousness and the Brain: Deciphering How the Brain Codes Our Thoughts*. New York: Penguin Books, 2014.

FEYNMAN, Richard P. *Os melhores textos de Richard P. Feynman*. São Paulo: Blucher, 2015.

GAZZANIGA, Michael S. (Ed.). *The Cognitive Neurosciences*. Cambridge, Mass.: MIT Press, 2009.*

HARRIS, Sam. *Free Will*. New York: Free Press, 2012.

HOFFMANN, Peter M. *Life's Ratchet: How Molecular Machines Extract Order from Chaos*. New York: Basic Books, 2012.

JACOB, François. *The Logic of Life* and *The Possible and the Actual*. London: Penguin Books, 1989. [*A lógica da vida*. Rio de Janeiro: Paz e Terra, 2008].

JUDSON, Horace Freeland. *The Eigth Day of Creation*. New York: Simon and Schuster, 1979.

KARP, Gerald. *Cell and Molecular Biology*. New York: John Wiley, 2010.*

KLENERMAN, Paul, *The Immune System: A Very Short Introduction*. Oxford University Press, 2017.

KOCH, Christoph. *The Quest for Consciousness*. Englewood, Colorado: Roberts and Co., 2004.

LANE, Nick. *Life Ascending: The Ten Great Inventions of Evolution*. New York: W. W. Norton, 2010.

LANE, Nick. *Power, Sex, Suicide: Mitochondria and the Meaning of Life*. Oxford: Oxford University Press, 2006.

LANE, Nick. *The Vital Question: Energy, Evolution, and the Origins of Complex Life*. New York: W. W. Norton, 2016. [*Questão vital: Por que a vida é como é? (Origem)*. Rocco Digital, 2017].

LEAKEY, Richard; LEWIN, Roger. *Origins*. New York: Penguin Books, 1991.

LODISH, Harvey et al. *Molecular Cell Biology*, New York W. H. Freeman, 2013. [*Biologia celular e molecular*. Porto Alegre: Artmed, 2014].*

McDOLE, K. et al. In Toto Imaging and Reconstruction of Post-Implantation Mouse Development at the Single-Cell Level. *Cell*, v. 175, n. 3, p. 859-876, Oct. 2018.

MONOD, Jacques. *Chance and Necessity: An Essay on the Natural Philosophy of Modern Biology*. New York: Knopf, 1971. [*O acaso e a necessidade*. Petrópolis: Vozes, 1972].

MUKHERJEE, Siddhartha *The Gene: An Intimate History*. New York: Scribner, 2017. [*O gene: Uma história íntima*. São Paulo: Companhia das Letras, 2016].

MURPHY, Kenneth. *Janeway's Immunobiology*. New York: Garland Science, 2011. [*Imunobiologia de Janeway*. Porto Alegre: Artmed, 2014].*

NUSSENZVEIG, H. Moysés (Ed.). *Complexidade e caos*. Rio de Janeiro: Editora UFRJ/Copea, 1999.

NUSSENZVEIG, H. Moysés. *Curso de Física básica – Fluidos, oscilações e ondas, calor*. 5. ed. São Paulo: Blucher, 2014.

POINCARÉ, H. *L'enseignement mathématique* 10, 1908, 1.

POLLARD, Thomas D. e GOLDMANN, R. (Ed.). *The Cytoskeleton*. New York: Cold Spring Harbor Laboratory Press, 2017.

RIDLEY, Matt. *Genome*. New York: Harper Collins, 2000.

RUSSELL, Peter J.; HERTZ, Paul E.; MCMILLAN, Beverly. *Biology The Dynamic Science*. Brooks/Cole: Cengage Learning, 2012.

SCHRÖDINGER, Erwin. *What is Life?: With Mind and Matter and Autobiographical Sketches*. Cambridge: Cambridge University Press, 2012. [*O que é vida?* São Paulo: Ed. Unesp, 1997].

SQUIRE, Larry; KANDEL, Eric. *Memory: From Mind to Molecules*. Englewood, CO: Roberts and Company Publishers, 2008.*

WATSON, James D. *The Annotated and Illustrated Double Helix*. New York: Simon & Schuster, 2012. [*A dupla hélice*. Rio de Janeiro: Zahar, 2014].

WATSON, James D.; BERRY, Andrew. *DNA: The Secret of Life*. New York: Alfred A. Knopf, 2017.

WOLPERT, Lewis. *How We Live and Why We Die*. New York: W. W. Norton & Co., 2011.

ZIMMER, Carl. *Evolution*. New York: Harper Collins, 2001.

Recomendo também consultar o site do Prêmio Nobel: <www.nobelprize.org>, para informações biográficas, textos sobre as descobertas e discursos dos agraciados, particularmente:

Prêmios Nobel em Fisiologia e Medicina

Golgi e Ramón y Cajal (1906); Metchnikov e Ehrlich (1908); Macfarlane Burnet (1960); Crick e Watson (1962); Huxley (1963); Jacob e Monod (1965); Wald (1967); Nirenberg (1968); Edelman (1972); Hubel (1981); McClintock (1983);

Tonegawa (1987); Kandel (2000); Blackburn (2009); Steinman (2011) (o discurso é de meu sobrinho Michel!); Yamanaka (2012)

e Prêmios Nobel em Química

Calvin (1961); Mitchell (1978); Altman (1989); Boyer e Walker (1987); Kornberg (2006); Yonath (2009)